도시 명당을 찾아내는 잡초 이야기

KB213673

도시 명당을 찾아내는
잡초 이야기

한동환 지음

대한민국, 서울, 지식공작소, 2024

일러두기

- 일부 학명과 개념어 등은 한글과 함께 괄호 안에 해당 국가의 원어를 병기했습니다.

- 외래어 표기는 현행 어문규정의 외래어표기법을 따랐습니다.

- 일부 개념어에 저자가 부연한 내용은 괄호를 사용했습니다.

- 출처가 표시된 그림 외의 사진은 저자가 직접 촬영한 것입니다.

머리말

'호모 유토피쿠스', 사람은 유토피아를 꿈꾸는 존재다. 유토피아는 세상 어디에도 존재하지 않는 이상향이다. 여기에 비극이 있다. 이상적인 삶의 장소를 꿈꾸지만, 현실은 6평 좁은 방 한 칸 마련하기도 버겁다. 그러나 꿈은 허락되어야 한다. 꿈을 이루냐 마느냐 하는 것은 그다음 문제다. 꿈꿀 수 있어야 힘든 현실을 견딜 수 있다.

예로부터 사람들은 어떤 유토피아를 꿈꾸었을까? 중국을 포함한 동북아시아의 유토피아는 '무릉도원'이다. 도원은 글자 그대로 복숭아꽃, 살구꽃이 펼쳐진 마을이다. 전쟁, 질병, 배고픔이라는 삼재를 피할 수 있어서다. 삼재를 피하기 위한 지리적인 조건은 무엇일까? 세상과의 단절이다. 무릉도원은 자연적으로 만들어진 장벽으로 외부와 단절한다. 풍수에서 말하는 명당의 첫 번째 조건은 외부와 단절된 유토피아의 구조를 가지는 것이다. 실제로 조선 현종 때 경기도 가평에 판미동이라는 유토피아가 존재했다. 명문가 집안이 가족 모두를 이끌고 가평 명지산 아래로 삼재를 피해 이주했다고 한다. 비슷한 사례는 또 있다. 경북 상주와 충북 보은의 경계에 있는 속리산 아래에는 평안도에서 이상향을 찾아 이주한 사람들이 사는 우복동이 있다. 판미동과 우복동에 지리적인 공통점이 있다. 모두 1000미터를 넘나드는 산들이 성벽처럼 마을을 완전히 감싸서 큰 고개를 넘지 않고는 접근할 길이 없다는 것이다. 호모 유토피쿠스 모두가 풍수라는 기술을 가지고 유토피아를 선택했기 때문에 이름은 달라도 느낌은 같은 땅을 찾아갔다.

최창조 선생님을 통해 눈을 뜨게 된 이중환의 『택리지』에서 지형적인 구조만이 아니라 치유의 의미가 포함되어야 사람이 살 수 있는 땅이라는 점을 깨달았다. 『택리지』의 하이라이트는 복거총론(卜居總論)이다. '복거'는 정성을 다하여 살 곳을 찾는다는 의미다. 이중환은 유토피아의 조건으로 지리(地理), 생리(生利), 인심(人心), 산수(山水)의 네 가지를 꼽고 있다. 지리는 풍수의 명당을 의미한다. 생리는 경제적인 자원을 의미한다. 인심은 참 설명하기 어렵다. 드라마 〈나의 아저씨〉에 주인공 박동훈(이선균)의 형제들이 사는 동네가 인심의 본질을 잘 묘사하고 있다. 산수는 경관의 아름다움을 말한다. 인심과 산수가 치유를 담당한다. 인심과 산수는 사람을 행복하게 만들어서 치유를 실행한다. 얼핏 보면 지리와 산수가 비슷한 개념처럼 느껴져서 산수는 필요 없는 조건 같지만, 이중환은 긴 유랑 생활을 통해 아름다운 마을이 세상살이에 지친 사람에게 위로와 안식을 줄 수 있음을 깨달아 산수를 유토피아의 조건으로 추가했다.

산사에서 아름다움이 주는 치유의 가능성을 실감할 수 있었다. 부석사 무량수전 앞에 안양루가 있다. 안양은 불교적 의미로 유토피아를 의미한다. 안양루를 지나 무량수전 앞에서 소백산 능선이 만든 아름다움의 극치를 볼 수 있다. 번뇌에 휩싸인 중생이 일주문을 지나고 사천왕문을 거쳐 가파른 안양루 계단을 힘들게 올라와 무량수전 배흘

림기둥에 서면, 그동안의 시름을 잊고 소백산 능선을 보며 행복해진다. 이렇듯 가장 아름다운 경치를 볼 수 있는 장소를 '밴티지포인트(vantage point)'라고 한다. 사찰 입지의 핵심은 '점으로 면을 통제한다'는 것이다. 통제는 군사 용어처럼 들린다. 역사를 돌아보면 사찰은 단순히 종교 시설만은 아니었다. 사찰은 호국 불교의 이념을 따라 승병을 양성했고, 요새지에 터를 잡았다. 요새의 장점은 적의 움직임을 잘 관찰할 수 있다는 것이다. 보통 사람들에게 요새는 자신들이 살아가는 세상을 벗어나 객관적으로 관찰하게 해 주는 곳이다. 스스로 삶을 반성하고 욕심을 버리면 평정심을 얻을 수 있다. 세상에서 보면 산사는 보이지 않지만, 밴티지포인트에 위치한 산사에서는 세상을 굽어볼 수 있다. 여기서 명당의 두 번째 조건을 알 수 있다. 밴티지포인트를 확보했느냐다.

하지만 이제 치유의 의미는 사라지고 '돈'이라는 세속적 가치만 강조되고 있어 씁쓸하다. 스포츠나 공연을 볼 때 가장 잘 보이는 밴티지포인트의 좌석은 가격이 비싸다. 서울에서 한강 뷰 아파트는 가격에 프리미엄이 붙는다. 요즘은 무슨 '포레'라는 이름을 붙인 공원 뷰 아파트가 값이 나간다. 모두 밴티지포인트에 붙은 가격이다.

인간이 유토피아에 집착했던 이유는 행복하게 살 곳이 필요해서였을 것이다. 풍수는 유토피아를 찾아내는 기술이다. 풍수는 인간이 행복하게 살 수 있는 땅의 조건을 체계화하고 그 조건에 맞는 땅을 찾아내는 기술이다. 지리, 생리, 인심, 산수에 더하여 편안함이 내게 행복을 주는 땅의 기본이다. 행복을 주는 편안한 땅이 풍수가 찾으려고 하는 땅의 핵심적 특징이다.

인간은 진화 과정에서 필연적으로 자연 속에서 몸과 마음이 건강해지는 유전자를 얻었다. 과학 시대, 인공지능 시대가 되어도 우리는 자연에 살았던 오래전의 인간과 근원적인 연결성을 가지고 있다. 유발 하라리의『사피엔스』에서 인간의 몸은 19만 년 동안 수렵 채집 생활에 적응해 왔고, 농업을 통해 문명을 경험한 시간은 1만 년에 지나지 않는다고 한다. 지금 디지털 혁명 시대를 살고 있어도 긴 시간 동안 수렵 채집 생활에 적응한 인간의 몸은 과거 환경에 맞게 세팅되어 있다는 것이 그의 주장이다. 나도 동의한다. 사람이 자연에서 몸의 활력을 되찾고, 마음의 편안함을 얻을 수 있는 것은 우리 몸이 여전히 수렵 채집 시대에 맞게 작동하기 때문이다. 풍수는 자연과 인간의 몸을 이어 주는 지혜의 산물이라고 볼 수 있다.

　다만 풍수가 사용하는 용어들이 신비적이고, 미신적이라는 것이 문제다. 좋은 땅에 대한 설명도 직관적이지 못하고 추상적이어서 일반인이 제대로 이해할 수 없다는 결정적인 한계를 가지고 있다. 좀 더 구체적이고 이해가 쉬운 기술로 탈바꿈할 수 있는 지혜가 필요했다. 나는 미신적 설명 방식 대신에 명당의 조건을 갖춘 곳에 자라는 잡초에 주목했다. 물론 20여 년간의 답사와 관찰을 통해서도 나는 쉽게 실마리를 풀 수 없었다. 그러던 중 우연히 깊은 산이나 전원이 아니라 내가 치열하게 살아가고 있는 도시 한복판에서 무심코 지나쳤던 잡초를 주목하게 되었다. 볕이 좋고 바람이 산들산들 부는 곳이면 여지없이 자라는 그 잡초를 만났다. 그렇게 가까이 있었는데도 나는 긴 세월 동안 그 잡초를 지나치기만 했다. 만난 후 4년 동안 명당의 조건을 만족하는 곳에서만 자라고, 그곳을 조금만 벗어나면 자취를 감추는 식물의 생태가 반복되는 것을 보아 왔다. 나의 발견으로만 그친다면 잡초가 우리에게 준 엄청난 선물을 외면하는 것이라고 생각했다. 독자 여러분과 함께 도시에서 혹은 아파트에서 그 잡초를 찾을 수 있다면 멀리서만 찾았던 명당이 사실은 우리 주변의 아주 가까운 곳에 있었다는 사실을 확인할 수 있을 것이다. 무심히 지나쳤던 잡초의 숨겨진 비밀을 하나씩 알아가게 되면 우리가 행복하게 살 수 있는 장소도 덤으로 알 수 있게 된다. 우리가 사는 아파트에서 이 식물을 발견한다면 이미 그곳이 명당이라고 말할 수 있다는 것이 이 책이 전하고자 하는 핵심 메시지다. 멀리 부석사까지 가지 않아도 여러분이 살고 있는 동네와 아파트에서도 잡초와 함께 치유의 기운을 느낄 수 있다고 감히 말씀드리고자 한다. 풍수를 통하여 치유의 지혜를 발견할 수 있다는 생각을 공유하는 분이라면 이 잡초를 찾는 풍수 놀이를 함께 시작해 보자고 말씀드리고 싶다.

2024년 7월
한동환

차례

1
험한 것은 없다

〈파묘〉의 흥행

유토피아를 찾는 전통적 지혜가 풍수라고 말했지만, 대중적으로 '풍수' 하면 떠오르는 이미지는 묏자리 잡는 기술이다. 지관(地官)이라는 구체적인 직업도 있다. 요즘은 장례 때 화장이 대부분이고 땅에 매장을 하는 경우는 거의 없다. 그런데도 왜 묘지 풍수 논란이 계속 이어질까?

1960~1970년대, 내가 어릴 때만 해도 파묘와 이장이 빈번했다. 주로 개발 때문에 발생한 불가피한 일이었다. 집안에 우환이 생긴 사람들은 이도 저도 안 될 때 자격증 없는 '인생 상담사', 샤먼(shaman)을 찾게 된다. 생각보다 과학의 시대에 샤먼을 찾는 사람들이 많다. 인간은 자신에게 행복 또는 불행을 주는 사건들이 우연이라는 명백한 사실을 받아들이지 못한다. 인간은 본능적으로 불확실한 상황을 회피하기 때문이다. 어떤 결과의 원인을 찾지 못하면 불안해한다.

조상의 묘에 문제가 있어서 불운한 것이라는 무당의 진단을 받은 지인들은 내게 찾아와 이장을 상의하기도 했다. 그중 몇몇은 끝내 미신 또는 사술이라는 나의 진단을 받아들이지 못했다. 2024년 3월에 영화 〈파묘〉의 누적 관객 수가 1000만 명을 돌파했다. 속담에 '잘되면 제 탓, 못되면 조상 탓'이라는 말이 있다. 그런데 이 속담을 잘 활용하는 사람들이 영화 〈파묘〉의 그 사람들이다.

최민식 배우가 주연으로 지관을 연기했다. 그의 진지한 지관 연기는 젊은 세대에게는 잊힌 전통인 묘지 풍수에 대한 강한 인상을 심어 주기에 충분했다. 특히 묘지의 흙을 입에 넣어 맛을 보는 장면이 인상적이었다. 영화는 기가 나쁜 땅에 조상을 묻으면 후손의 건강에 문제가 생긴다는 도식을 강하게 주입했다. 험한 것을 피하기 위해서는 최민식 같은 실력 있는 지관이 필요하다는 점도 강조했다. 사실일까? 거짓이다. 그런데 이 믿음은 민중에게 적어도 1500년 이상 정설로 믿어지고 있다. 왜 이런 잘못된 믿음이 생겼을까? 신(神)과 금기(禁忌)라는 미신에서부터 답을 찾아보자.

제주도에는 '신구간(新舊間)'이라는 독특한 이사 풍습이 있다. 24절기 중 가장 추운 절기 대한이 지난 지 5일째 날(양력 1월 25일)부터 입춘 전 3일(양력 2월 1일)까지 약 일주일 동안 특히 이사를 많이 한다. 2010년 《조선일보》에서 2005년 제주도에서만 1만 가구에 육박하는 집이 이사했다고 한다. 2024년 최근 《한국일보》에서도 제주 이삿짐센터의 가장 큰 대목이 신구간 기간이며 이사 비용도 20만 원 정도 비싸다고 한다.

왜 신구간에 이사하는 풍습이 생겼을까? 『태초에 할망이 있었다』에 따르면 제주도에는 신이 1만 8000여 명이나 된다고 한다. 이 많은 신들이 신구간인 약 한 주간 임무 교대를 위해 하늘로 올라가 제주도를 비운다고 한다. 이때 집을 수리하거나 이사를 하면 '동티'가 나는 일이 없다고 한다. 동티는 영화 〈파묘〉에서 친절하게 설명하고 있다. 신의 노여움 때문에 인간이 불행해지는 것이 동티다. 모든 땅에는 그 땅을 지배하는 신이 있다고 보는 애니미즘의 영향으로 땅이나 집에 손을 대는 일은 잠자는 사자의 코털을 건드리는 것만큼 위험하다고 보는 시각이 인간의 의식 속에 보편적으로 자리하고 있다. 신구간에는 제주도 신들이 모두 하늘로 올라가기 때문에 신들을 자극할 여지가 없는 때가 된다. 아무리 제주도 날씨가 온화하더라도 대한과 입춘에는 겨울 추위가 여전히 강한 때다. 제주도의 신 이야기를 모르면 추운 겨울에 이어지는 이사 행렬을 이해할 수 없다. 영화 〈신과함께〉의 핵심이 되는 신이 '성주신'이다. '터주신'이라고도 하는데 주택에 뿌리를 박은 매우 강력한 신이다. 성주신이 특별히 위험한 이유는 인간에게 집 지을 공간을 내어 줄 때 매우 까다로운 금기를 제시하기 때문이다. 많은 사고와 자연재해로 집을 잃어 본 인간들은 그 재해의 원인을 인간이 금기를 어겨 성주신이 보복한 것으로 이해한다. 모두 애니미즘의 영향이다. 성주신의 감시가 없는 때에는 금기를 어겨도 보복을 당하지 않는다고 본다.

아름다운 제주에 왜 이리도 신이 많을까? 원래 섬에서는 바다를 기반으로 살아가야 한다. 배를 타고 거친 풍랑을 이기며 해산물을 채취해야 살 수 있다. 그만큼 바람과 비 등 자연재해로 인한 인명 피해가 큰 곳이 섬이다. 운이 나쁘면 언제나 불행을 맞는다. 운을 좌우하는 존재가 신이다. 동티가 나면 불행에서 벗어나기 어렵다. 신구간은 '금기'에서 비롯한 것이다. 금기를 따르는 것은 동티를 피하는 지혜로 인식되었다. 자연재해로 인한 피해에서 벗어나고자 하는 인간의 본성이 미신에 취약하게 만들어 많은 정령을 신이라는 이름으로 받아들이게 되면서 금기의 관습도 많아진 것이다.

풍수에서 사실 동티는 토지신과 조상신의 갈등으로부터 시작되었다고 볼 수 있다. 집에 성주신이 있는 것처럼 묘지가 만들어지는 산에는 산신, 즉 토지신이 있다. 동티가 나지 않으려면 땅에 대한 금기를 잘 지켜야 한다. 제주도 신구간처럼 묘지를 보수하거나 파묘할 때 반드시 '윤달'을 택해야 한다.

음력으로 1년이 354일이다 보니 실제 365일보다 11일이 부족하다. 윤달은 이 차이를 메꾸기 위해 2~3년 만에 한 번씩 추가되는 한 달을 말한다. 윤달을 덤으로 생각하다 보니 이때가 신들의 통제가 없는 시간이 된다. 그래서 윤달에는 묘지를 건드려도 동티가 나지 않는다. 제주도 신구간 풍습과 같은 논리다.

국내에 풍수학이 도입되기 이전에 이미 집이나 묘지에 대한 금기는 존재했다. 여기에 유교가 더해지면서 묘지에 대한 금기는 몇 배로 늘어났다. 원래 금기는 무당의 영역이었다. 통일신라 때 중국에서 풍수가 전해지고 난 뒤로 지관이 금기 영역을 추가로 담당하게 되었다. 금기가 너무 복잡하다 보니 전문가인 지관이나 무당 비즈니스는 점점 활발해졌다. 법이 복잡하고 어려우면 변호사를 써야 하는 것과 다를 바 없다.

집안에 험한 일이 계속 생기면 합리적인 사람들도 동티의 두려움을 느끼고 무당을 찾게 된다. 인류의 오랜 습관이다. 가장 영민했던 조선의 왕, 세종조차도 그의 아들들이 죽어 나가자 궁궐에서 극락왕생을 기원하는 불교 행사를 여러 번 실시했다. 이때마다 신하들은 유교의 정신에 어긋난다며 세종을 매몰차게 비난했다. 실록에서 내가 만난 세종은 매우 불쌍한 사람이었다.

풍수에 대해서도 세종은 이중적인 태도를 가졌다. 믿을 것이 못 된다고 하면서도 아들 장례 때마다 지관들을 곁에 두었다. 주요 정책에서 지관의 말을 따르다가 황희, 어효첨 같은 신하들에게 혼나는 경우가 많았다.

유교가 강조하는 것은 효(孝)다. 부모가 죽으면 그 즉시 조상신이 된다. 효는 죽은 조상으로까지 확대된다. 유교에서 가장 중요한 예속이 장례다. 돌아가셔서 신격화된 부모님 시신을 함부로 모시면 불효자가 된다. 심지어 무덤 옆에 3년을 살면서 죽은 조상을 돌보는 관습도 있었다.

　살아 있는 사람에게 유토피아가 좋은 곳이라면 조상신이 된 부모 유해도 똑같이 살기 좋은 유토피아에 모시는 것이 유교 예법이다. 묘지 풍수가 크게 흥행한 이유다. 더구나 유교의 사대부는 조선의 지배계급이었다. 민중은 지배자의 행동을 모방하기 마련이다. 사대부뿐 아니라 일반 농민들도 지관을 불러 명당에 부모 시신을 모시는 것이 일반화되었다. 음택풍수는 유교식 장례 절차로 단단히 뿌리를 내렸다. 이것이 후에 묘지를 둘러싼 혈육 간 또는 이웃 간 격렬한 다툼인 산송(山訟)으로 이어졌다.

세종대왕은 풍수사의 말을 믿지 않았다

승용차를 타고 주말에 경부고속도로를 통해 서울로 진입할 때 정체가 시작되는 곳이 있다. 고개만 넘으면 서초구인데 차는 거북이걸음을 할 수밖에 없다. 여기가 '달래내고개'다. 『조선왕조실록』에 35년간의 꽤 긴 에피소드가 기록된 역사 현장이다.

　앞에서 세종대왕을 풍수에 빠져 있었던 임금으로 이야

기했다. 달래내고개를 역사적 장소로 만든 이가 세종이다. 세종을 풍수로 유혹했던 지관은 '최양선'이다. 『세종실록』에 세종과 최양선이 신하들로부터 저격당하는 사건이 여러 번 등장하는데, 그중 하나가 달래내고개 폐쇄문제였다.

달래내고개는 예나 지금이나 서울에서 성남을 거쳐 수원으로 내려가는 주요 교통로다. 지관 최양선은 헌릉 주산(主山)을 보호하기 위해 달래내고개에 사람들의 출입을 막아야 한다는 주장을 폈다. 조정이 발칵 뒤집어졌다.

아무리 조선 시대라 하더라도 한양과 삼남 지방을 연결하는 핵심 교통로를 막는다는 것은 비상식적인 발상이었다. 한 나라의 임금인 세종이 다수 신하의 반발에도 불구하고 한낱 지관의 말 한마디에 폐쇄를 명령했다. 현명한 임금이었던 세종이 왜 이렇게 터무니없는 결정을 했을까?

최양선은 세종의 지극한 효심을 역이용했다. 세종의 아버지인 태종이 묻힌 헌릉의 지기(地氣)는 청계산에서 흘러오는데, 청계산과 헌릉의 중간 지점인 달래내고개에는 사람과 우마차의 왕래가 잦았다. 많은 교통량에 기가 흐르는 산맥이 훼손될 것을 염려하여 폐쇄를 주장한 것이다. 아버지가 잠든 왕릉의 기가 나빠진다는 협박에 효자는 굴복할 수밖에 없었던 셈이다.

헌릉의 풍수를 좋게 만드는 데 결정적인 요소는 헌릉을 직접 품고 있는 대모산까지 산의 연결이 끊어지지 않아야 한다는 점이다. 헌릉에 직접적으로 지기를 공급하는 산은 뒷산인 대모산이다. 그런데 대모산은 주변에서 가장 높은 산인 청계산으로부터 왕성한 지기를 배급받아야만 헌릉에 지기 공급을 제대로 할 수 있다. 달래내고개는 청계산에서 대모산으로 지기를 공급하는 파이프라인의 이음새 부분이다. 여기가 약해지면 기가 누설된다는 것이 최양선의 주장이다. 엄청난 풍수 논쟁이 촉발되었다. 그 내용은 『세종실록』에 자세히 실려 있다.

세종 12년(1430년)에 처음 논쟁이 시작된 후 오랫동안 결론을 내리지 못한 세종은 집현전에 의견을 구했다. 집현전에서 3년을 검토한 끝에 통행을 허가해 달라고 건의했다. 그러나 세종의 효심을 파고든 폐쇄론도 순순히 물러나지 않았다. 다시 하염없는 논쟁이 계속되는 동안 통행 허용과 금지가 반복되었다. 결국 30여 년 후인 1464년에 세종의 둘째 아들인 세조가 서운관(書雲觀)의 책임자인 이순지의 의견을 받아들여 논쟁을 종결했다. 이순지는 당시 가장 인정받는 풍수 전문가였기 때문에 논쟁을 종결할 수 있었다.

서운관은 천문지리를 담당하던 행정기구였다. 서운관 산하에 '풍수학'이라고 하는 풍수 전문가들로 구성된 기

그림 1. 헌릉을 품은 대모산과 달래내고개, 청계산까지의 흐름

가장 높은 청계산으로부터 지기가 흘러나와 달래내고개를 거쳐 대모산까지 전해진다.

구도 있었다. 이순지는 천문학뿐 아니라 풍수학까지도 책임지는 관직에 있던 인물이다. 그는 『칠정산내외편』을 완성한 인물로 조선 과학사에서 가장 탁월한 세종 때의 인물이다. '칠정(七政)'이란 일곱 개의 별이다. 수성, 금성, 화성, 목성, 토성의 5행성에 해와 달을 더해서 일곱이다. 『칠정산내외편』은 중국과 아랍에서 개발된 별의 운동과 위치를 계산하던 수학 지식을 한반도 중심의 천체 운동에 맞게 개편한 책이다. 풍수에 정통했던 이순지는 조선의 위대한 수학자로 요즘에도 한국 과학사의 핵심 인물로 등장하고 있다. 다만 과학사를 전공하는 학자들이 풍수를 빼고 수학자라는 정체성만을 강조하고 있어 아쉽다.

이순지의 제안은 통행은 허용하되, 지맥 손상을 방지하기 위해 '박석'을 깔자는 것이었다. 경복궁 근정전에 가 보면 바닥이 흙이 아니라 넓고 얇은 돌판으로 덮여 있다. 그 돌이 바로 박석이다. 오늘날로 보면 도로포장을 해서 통행로 침식을 막자는 것이었다. 통행도 허용하고 지맥 손상도 막아 보자는 일종의 타협안이었다.

세종은 풍수는 믿을 것이 못 된다고 결론 내린 적이 있다. 그러나 헌릉 문제에서만 예외였다. 한양 주산 논쟁, 청계천 준설 논쟁 등 주요 풍수 논쟁에서 지관들의 주장을 배척하고 황희와 같은 당대 최고 신하들의 의견을 따랐다. 반면 아버지 태종의 무덤이 기가 나빠져서 왕실에 동티가 날 수 있다는 최양선의 협박에는 유독 많이 흔들렸다.

　세종이 음택풍수의 금기를 굳게 믿어서 최양선의 말을 따랐을까? 나는 아니라고 본다. 세종은 정말 효자였다. 아버지 태종이나 어머니 원경왕후에 대한 효심은 특별했다. 헌릉 자리도 매우 심혈을 기울여 찾았다. 할아버지 태조 이성계의 건원릉이 한양에 가까운 구리에 있었다. 세종은 그곳을 헌릉 자리로 생각하지 않았다. 다시 원점에서 가능한 모든 후보지를 찾았다. 꼼꼼하게 여러 후보지를 따져 본 후 한강을 건너는 어려움을 감수하고 대모산 아래 땅을 잡았다. 그리고 자신도 그 곁에 묻히기를 원했다.

　무려 아홉 명이나 되는 조선의 왕들이 건원릉 곁에 잠들어 있다. 음택풍수의 대략적인 이론으로도 헌릉보다 건원릉의 지형이 더 좋아 보인다. 아버지 태종은 자기 이복동생들을 모두 죽이고 아버지를 몰아내기 위해 쿠데타를 일으킨 패륜아였다. 세종이 아버지 태종과 할아버지 이성계 사이의 불편한 관계를 잘 알았기 때문에 멀리 강을 건너 대모산까지 간 것으로 보인다. 어머니 원경왕후의 장례 행렬이 한강을 건널 때 폭우가 쏟아져 아주 큰 곤욕을 치렀음에도 교통의 어려움을 감수하면서까지 부모님의 편안한 영면을 위해 세종은 세심한 배려를 했다.

　세종은 자신이 살아 있을 때 이미 자신이 묻힐 곳을 헌릉 곁으로 점찍어 놓았다. 최양선은 그 자리가 음택풍수 이론상 불길하다는 이유로 강하게 반대했다. 세종은 끝까지 고집을 꺾지 않고 그곳에 묻혔다. 세종에게 풍수의 불길함보다는 부모에 대한 효가 더 우선이었다.

결론적으로 세종에게도 음택풍수는 미신이었지만 조상신을 믿는 종교의 영향으로 부모 묘지에 대해서는 엄격할 수 없었다. 그것은 세종의 부모를 향한 지극한 효심이었다.

부모님 장례를 상주로서 경험하는 일은 평생에 한두 번이다. 장인, 장모까지 포함해도 서너 번 경험하는 드문 일이다. 평소 익숙하지 않은 '장례의 세계'이다 보니 장례지도사가 시키는 대로 따라 할 수밖에 없다. 복잡한 장례 절차에 상식과 과학이 들어설 틈은 없다. '왜'라는 질문이 허용되지 않는 과정이다. 빈소에서 여러 번 제사를 올리지만 영혼의 존재를 과학적으로 믿어서가 아니라 사랑으로 따르는 것일 뿐이다. 세종도 지금 우리와 같은 마음이었을 것이다.

세종릉을 현재의 내곡동에서 여주로 옮길 것을 지시한 사람은 세종의 아들 세조였다. 세조는 자신의 조카인 단종을 죽이고 계유정난이라는 엄청난 쿠데타를 통해 왕이 된 인물이다. 자신의 죄는 생각하지 않고 지관들의 유혹에는 잘 넘어갔다. 세조의 장남, 의경세자가 요절하자 세종릉의 자리가 불길하다는 지관의 말에 솔깃하여 아버지 세종의 효심을 무시하고 이장을 추진했다.

이장을 실행한 것은 세조의 둘째 아들 예종이었다. 예종은 아버지 세조의 유지를 받들어 재임 기간 내내 이장에 집중했다. 예종은 왕위에 오른 지 불과 약 1년 만에 요절했는데 왕위에 올라서 한 일이라고는 자신의 라이벌인 남이 장군을 역적으로 몰아 죽이고, 세종릉을 이장한 것이 전부였다. 물이 가득 차 있을 거라고 지관들이 주장했던 세종릉은 파묘해 보니 아무런 문제 없이 깨끗했다. 그런데도 예종은 세조를 왕으로 선택하지 않은 할아버지 세종을 태종릉에서 멀리 떨어진 여주로 이장해 버렸다. 불효의 끝을 보여 준 세조와 예종은 역시 그 아버지에 그 아들이었다.

세종의 못자리가 불길했던 것이 아니라 세조가 지은 죄로 그의 첫째, 둘째 아들이 요절했다고 본 것이 백성들의 일반적인 여론이었다. 자기 탓을 하지 않고 조상 못자리 탓을 한 세조와 예종은 지관에게는 아주 좋은 먹잇감들이었다. 세조나 예종 같은 왕들조차 지관들에게 농락당하는 분위기였다. 효와 예의를 숭상하는 유교 질서 아래에서 일반 백성들도 묘지 관련 협박이나 유혹에서 빠져나오기는 쉽지 않았을 것이다. 효자는 부모가 불편할 것이란 두려움에서, 불효자는 자신이 무덤으로부터 복을 받아야 한다는 탐욕 때문에 모두 금기에 민감할 수밖에 없었다. 음택풍수의 폐단은 조선 후기로 갈수록 심해졌다.

흥선대원군은 왕의 자리를 지키기 위해 명당을 만들었다

오페르트 도굴 사건은 우리 역사에서 중요하게 다루어지고 있다. 흥선대원군이 쇄국 정책을 편 이유 중의 하나가 오페르트 도굴 사건이다. 흥선대원군의 아버지인 남연군의 묘를 독일의 상인인 오페르트가 실제 훼손한 사건이다. 충청도 예산, 예산에서도 아주 찾기 힘든 가야산 골짜기에 있는 남연군묘를 오페르트가 어떻게 찾았는지 아주 궁금했다.

　나중에 알고 보니 오페르트는 함부르크 유대계 은행가 집안에서 태어난 인물로 단순한 도둑놈은 아니었다. 그는 『금단의 나라 조선』이라는 책을 썼는데, 조선의 문화, 관습, 종교 등 모든 분야를 망라한 일종의 지리서로서 귀중한 사료로 평가되고 있다. 조선의 문화에 정통했던 오페르트는 조선의 음택풍수와 조상숭배와 연계된 묘지 숭배를 알고 있었던 것으로 보인다.

　남연군 묘를 쉽게 찾은 이유는 간단했다. 흥선대원군의

박해를 받아 적대적이었던 조선인 천주교도가 오페르트 일당을 남연군 묘로 안내했다. 이들은 석회를 단단히 바른 남연군 묘의 견고함 때문에 굴착에 실패했다. 봉분을 훼손하기는 했으나 무덤 속을 도굴하지는 못했다. 그러나 오페르트는 조상의 묘를 훼손한 것만으로도 자신과 통상을 거절한 흥선대원군에게 복수를 했다고 생각했다. 음택풍수를 잘 모르는 이방인마저도 파묘를 복수의 효과적 수단으로 생각할 만큼 당시의 음택풍수에 대한 집착이 얼마나 강했는지 쉽게 짐작할 수 있다.

과연 남연군 묘는 명당에 있는 게 맞을까? 묫자리를 잘 잡아서 두 아들을 황제로 만들었다는 남연군 묘에 얽힌 스토리가 오늘날까지 전설처럼 퍼져 있다. 흥선대원군의 아버지 묘 이장 에피소드는 영화 〈명당〉의 핵심 콘셉트다. 남연군 묘는 앞에서 이야기한 대로 밴티지포인트에 위치하고, 유토피아의 지형 구조를 형성한 곳에 있다. 내포평야 한가운데에 우뚝 솟은 산이 가야산이다. 가야산은 사방 어디에서나 식별이 잘 된다. 그런데 가야산 봉우리들은 둥글게 원을 그리며 병풍처럼 남연군 묘 주변을 에워싸고 있다. 밖에서 보면 눈에 잘 띄는 산이 가야산이지만 막상 산 안으로 들어가 보면 굉장히 큰 산간 분지를 이루고 있는데 그 분지에 닿기 위해서는 미로처럼 이어진 좁은 길을 돌아가야 한다. 밖에서는 쉽게 진입로를 찾을 수 없는 곳이 남연군 묘 주변이다. 사방이 막힌 유토피아 지형 구조는 탁월하다. 남연군 묘가 위치한 언덕을 보면 크기가 거의 왕릉급이다. 헌릉과 비교해도 남연군 묘가 훨씬 규모가 크다. 흥선대원군의 위세가 드러나는 규모다. 남연군 묘는 천하제일의 명당을 차지한 묘가 맞을까? 결론부터 이야기하면 남연군 묘가 자리한 명당은 묫자리로서는 바람직하지 않다. 오히려 절터로 쓰이는 것이 더 적합한 땅이다. 이유는 지금부터 이야기하려 한다. 『택리지』의 '산수' 편에 다음과 같은 기록이 있다.

가야산의 동남쪽 부분은 흙산이고 서북쪽은 암반이 드러난 돌산이다. 동쪽이 가야사 계곡인데, 이 골짜기에는 먼 옛날 상왕의 궁궐터가 있었다.
伽倻山東南則土山, 西北則石山, 東有伽倻寺洞壑, 洞即上古象王宮闕基址.
[이중환, 『택리지(擇里誌)』, 한국학중앙연구원장서각, 갑인(甲寅)년, 44a-44b쪽.]

가야산과 지금 남연군 묘 일대를 이중환이 묘사한 것이다. 『택리지』에 의하면 충청도에서 가장 뛰어난 지리, 인심, 생리, 산수를 모두 갖춘 곳은 내포(內浦)지방이다. 내포는 아산만에서 가야산까지 이어지는 삽교천 주변을 일컫는 지역 명칭이다. 오페르트가 도굴을 위해 아산만을 통해 덕산까지 배를 타고 들어온 강, 삽교천 주변이 내포 땅이다. 사람 내장과 같이 육지 깊숙이 들어온 바다라는 뜻이다. 당시 사람들은 남연군 묘가 들어선 곳이 비범한 땅이라는 점을 일찍부터 알고 있었다. 더구나 이중환이 쓴 『택리지』는 당시 풍수에 관심을 가진 수많은 이들이 필독하던 풍수서였다. 이중환이 1756년에 죽었고 1846년에 남연군 묘 이장을 완료했으니 이미 100년 가까이 노출될 대로 노출된 '유토피아'가 그곳이었다.

　흥선대원군보다 먼저 여기에 묘를 써서 부와 권력을 갖겠다는 사람들이 왜 없었을까? 이중환이 지적하듯 이곳에는 가야사라는 절이 이미 있었다. 원래 절터나 사당이 있었던 곳에는 묘를 쓰면 안 되는 금기가 있다. 꼭 절터뿐 아니라 땅 자체가 이미 어떤 시설로 개발된 곳은 토질이 신선하지 않다는 이유로 피한다. 묘를 이장하고 난 자리에 다시 묘를 쓰지 않는 것처럼 매우 중요한 금기 사항이다.

　이미 좋은 땅으로 유명했던 곳을 정만인이라는 지관이 마치 자기가 발견한 명당인 듯 쇼를 했다. 정만인은 2대 천자가 나올 땅이라고 흥선대원군을 현혹했다고 알려져 있다. 나는 이 부분이 나중에 조작된 이야기라고 추측한다. 사찰 터에는 묘지를 절대 쓰면 안 된다는 금기는 이미 상식이었다. 나름 풍수에 정통했던 흥선대원군이 지관 말에 혹해서 이장했을 가능성은 전혀 없다고 생각한다. 흥선대원군만의 또 다른 노림수가 있었을 것이다.

　남연군 묘가 '2대 천자를 배출할 땅'이라는 유언비어를 누가 퍼뜨렸을까? 나는 구한말 황현이 쓴 숨겨진 역사 이야기 『매천야록』에 그 내용이 실려 있다고 해서 살펴보았다. 흥선대원군의 권력의지와 남연군 묘의 터를 잡는 이야기가 실려 있긴 했다. 그러나 2대 천자를 운운하는 부분은 없었다. 언제부터 남연군 묘에 그 어디에도 기록되지 않은 '2대 천자의 땅'이라는 이미지가 덧씌워졌을까? 1863년 고종이 왕위에 오르고 1865년 남연군 묘에 신도비가 세워진다. 남연군 묘 성역화 사업을 이때부터 시작했다고 본다.

　조선에는 헌종 이후 왕의 친자식이 왕위를 잇는 정통적인 관습이 사라졌다. 헌종은 아들이 없었다. 헌종 다음으로 왕위를 이은 철종은 사도세자의 증손자다. 사도세자와 후궁 사이에 태어난 은언군의 손자가 강화도령 철종이었다. 은언군은 역모에 휘말려 강화도로 쫓겨났고 왕족이 아니라 역적이 되어 가난을 대물림했다. 철종은 가난한 농부에서 졸지에 왕이 되었다. 안동 김씨는 자신들의 세도정치를 강화하기 위해 근본 없는 철종을 허수아비 왕으로 세웠다.

흥선대원군은 은언군의 동생인 은신군의 손자다. 은신군 또한 사도세자의 서자로서 형과 비슷한 운명을 맞았다. 권력의 견제를 받다가 제주도 유배지에서 어린 나이에 사망했다. 은신군이 죽자 흥선대원군의 아버지 남연군이 은신군의 양자로 들어가게 되었다. 흥선대원군은 사도세자의 피를 받은 것도 아니다. 남연군은 원래 광해군을 몰아낸 인조의 셋째 아들 인평대군의 6대손이다. 6대손이면 거의 유명무실한 왕족이었다. 사도세자의 직계 증손자인 철종에 비해서도 흥선대원군 집안은 양자로서 정통성이 더 약했다. 더구나 철종의 뒤를 이은 고종은 흥선대원군의 장자가 아닌 둘째 아들이었다.

당시 세도가는 풍양 조씨였다. 풍양 조씨 역시 세도정치를 위해서 이름도 없는 집안의 힘없는 왕족을 임금으로 선택했다. 고종은 8대조 할아버지가 왕도 아니고 왕자에 불과한 위상이 아주 낮은 핏줄이었다. 세도정치의 특징은 왕을 허수아비로 세우고 대비나 중전 집안사람들이 사실상 나라를 지배하는 정치다. 흥선대원군은 무슨 생각을 했을까? 이름도 없는 자신의 가문에 정통성을 불어넣겠다고 생각했다. 세도정치를 누를 강한 왕권이 필요했다. 백성들이 왕을 우습게 보면 안 된다고 생각했다. 모든 백성이 고종을 우러러보게 하려면 강한 왕의 위상에 걸맞은 '정통성'이 필요했다.

요즘처럼 인터넷이나 방송, 신문 등 매스컴이 발달하지 못한 전통 사회에서 뉴스를 전달하는 수단은 무엇일까? 사람들의 왕래가 많은 곳에 게시판을 만드는 것이 고작이었다. 고종이 왕이 되었다는 뉴스가 전국으로 전파되는 데에는 아주 긴 시간이 소요되었을 것이다. 아마 '입소문'보다 빠른 뉴스 전달 수단은 없었을 것이다. 입소문은 지금의 매스컴과 비교하면 비교할 수 없이 느린 매체다. 더구나 입소문은 고종에 대해 좋은 세평을 담지 못했다. 근본 없는 왕일 수밖에 없었다.

흥선대원군이 극도로 혐오했던 여론은 무엇일까? 철종보다 더 근본 없는 집안 자손이 고종이라는 백성들의 수군거림이었다. 부정적인 입소문을 차단하기 위해서는 맞불 전략이 최고였다.

백제 무왕은 신라의 선화공주에 반해서 그녀를 아내로 맞고 싶었다. 적국의 공주를 설득할 방법이 없어 선택한 것이 '서동요' 퍼뜨리기였다. 입소문에 노랫말을 붙이면 확산 속도가 더 빨라진다. 일종의 밈이다. 서동요의 확산은 불가능한 일을 가능하게 했다. 흥선대원군도 무왕의 방법을 택했다. 다만 흥선은 노랫말 대신 노랫말만큼이나 전파력이 강한 풍수 이야기의 구조를 활용했다. 못자리를 잘 쓰면 부와 권력을 누릴 수 있다는 백성들의 미신을 이용했다. 정통성 확보를 위해 필연적으로 고종이 왕이 될 수밖에 없는 운명이란 도식을 만들어야 했다. '2대 천자' 이야기는 고종이 왕이 되어야 할 운명이라는 점을 증빙하는 서동요였다.

홍선대원군은 남연군 묘를 천하 명당으로 둔갑시킨다. 남연군 묘가 2대 천자를 배출할 땅이라는 전설을 만들어 입소문에 태워 퍼뜨리기 시작했다. 고종의 즉위는 하늘이 내린 천명이라고 여론을 조작했다. 음택풍수의 발복론을 빌어 천명을 날조했다. 2대 천자의 땅을 차지한 덕분에 고종이 임금이 되었다는 소문이 정통성 논란을 덮어 주기를 기대했다. 음택풍수의 발복을 믿는 사람들이라면 고종의 정통성을 더 이상 문제 삼지 않을 것이라는 노림수였다.

홍선대원군은 100년 동안이나 풍수 학습 교재로 활용된 이중환의 『택리지』에 나온 가야산 아래 명당을 계획적으로 확보했다. 이미 절이 터를 차지하고 있어서 묘지로는 부적합하다는 것을 알고 있었다. 하지만 정통성 강화를 위해 다소 무리해서라도 대중에게 잘 알려진 명당을 선택해야만 했다. 『택리지』는 당시 풍수 하는 사람들이라면 모두 필사본 하나쯤 가지고 있던 풍수 교과서였다. 교과서에 실린 명당만큼 잘 알려진 곳은 없었다.

절터라는 장애물을 없애려면 절 그 자체를 없애야 했다. 그리하여 홍선대원군은 절에 불을 지른다. 『매천야록』은 홍선대원군의 권력욕을 생생하게 전하고 있다. 가야사를 태우는 장면은 권력욕의 절정을 보여 준다. 정통성 확보를 위한 사전 정지(整地) 작업은 착착 진행되었다.

고종이 즉위하자 곧바로 시작된 정통성 확보 전략은 대성공이었다. 남연군 묘 성역화 작업이 시작된 것이 1865년인데 오페르트가 홍선대원군에게 타격을 주기 위해 남연군 묘를 훼손한 것이 바로 이듬해였다. 이방인에게까지 파묘를 자행하게 할 만큼 입소문 퍼뜨리기는 성공했다.

남연군 묘 이야기는 조선 땅에 퍼지지 않은 곳이 없었다. 지금도 지관들은 이 전설을 믿고 퍼 나르기 바쁘다. 결국 풍수의 가치를 발복에만 초점을 두어 본질을 왜곡한 풍수 영화 〈명당〉까지 나오게 된 것이다. 영화 〈명당〉의 개봉 시기가 2018년이다. 150여 년이 지나고 있지만 아직도 홍선대원군의 정통성 확보 전략은 통하고 있다.

이처럼 이름난 명당을 차지했다고 알려진 묘들을 보면 권력을 가지고 사후에 확보한 경우가 많았다. 조선 왕릉이 그렇다. 여주에 있는 세종의 영릉도 다른 집안의 묘를 강제로 이장시키고 만든 왕릉이다. 묘를 잘 써서 부와 권력을 가진 것이 아니다. 부와 권력을 먼저 확보한 사람이 지관을 부르고 묘를 꾸며 명당으로 성역화할 뿐이다.

결론적으로 고종이나 순종이 황제가 된 것은 남연군

묘 때문이 아니다. 허수아비 왕을 세우고 왕위에 군림하는 세도정치가 만든 비극이었다. 2대 천자는 배출했지만, 가야사는 불타고 조선은 망했다. 과연 풍수의 발복이 맞는 이야기일까? 허무맹랑한 미신이다.

죽은 조상의 뼈가 후손의 행복을 결정할까?

한국 드라마의 성공 방정식 중 하나가 출생의 비밀이다. 핏줄의 연결을 중시하다 보니 낳은 자식이 중요한 모양이다. 그러다 보니 유전자 검사를 통해 친자를 확인하는 장면이 꼭 등장한다. '가족력'이라는 말이 있다. 건강 검진을 할 때 가족 중에 주요 질병을 앓은 사람이 있는지 꼭 물어본다. 부모님이 암으로 돌아가시면 자식들도 암을 걱정하게 된다. 부모의 유전자를 자식이 물려받는다.

　한 가족끼리 연결되어 있다는 사실을 파고드는 음택풍수의 핵심 주장이 동기감응론(同氣感應論)이다. 초등학교 과학 수업 시간에 소리굽쇠 실험을 한 기억이 있다. 일정한 간격을 두고 두 개의 소리굽쇠를 설치한다. 한쪽의 소리굽쇠를 때리면 진동이 다른 쪽의 소리굽쇠에 전해져 같이 진동한다. 서로 떨어져 있어도 주파수가 맞아서 공명 현상이 생긴 것이다. 지관들은 동기감응을 공명 현상처럼 설명한다.

부모의 뼈가 무덤 속에서 좋은 기를 받으면 자식이 복을 받는다는 것이 동기감응론이다. 유전자처럼 부모와 자식의 기가 같으면 뼈를 통해 주파수를 주고받는다는 주장이다. 생각보다 이 주장을 믿는 사람들이 많다. 아마도 가족력이나 유전자 99퍼센트 일치 등을 동기감응의 증거로 봐서 그런 것 같다.

영화 〈파묘〉가 흥행한 이유 중의 하나가 동기감응론이 가진 의외의 설득력이라고 생각한다. 무당 이화림(김고은)은 아기가 앓는 이명 현상의 원인을 조상 묫자리 탓으로 돌렸다. 동기감응론을 활용해 질병의 원인을 진단했다. 관객들이 이 진단을 은연중에 받아들였기 때문에 〈파묘〉가 가진 스토리는 힘 있게 전개될 수 있었다.

동기감응론은 가족 간의 사랑이나 유대감을 미신으로 변질시킨다. 소리굽쇠와 가족력, 유전자로 통하는 주파수는 과학적 사실에 근거하고 있지만, 죽은 조상의 뼈가 후손의 뼈와 주파수를 주고받는다는 것은 근거가 없다. 소리굽쇠와 부패 과정 중에 있는 뼈를 같이 볼 수 없다.

이미 실학자 성호 이익이 『성호사설』에서 죽은 자의 뼈와 산 자의 길흉화복이 무관한 것임을 증명했다. 이 주장을 같이하는 또 한 명의 실학자가 있다. 담헌 홍대용이다. 홍대용의 어록을 보자.

중죄를 지은 죄인이 감옥에서 견딜 수 없는 고통을 받는
다 해도, 집에 있는 죄수의 아들이 몸에 몹쓸 병이 생겼다
는 말을 듣지 못했다. 하물며 죽은 자의 시신에 있어서랴.
重囚在獄, 宛轉楚毒至不堪也. 未聞重囚之子身發惡疾. 況於
死者之體魄乎.
[홍대용, 『담헌서(湛軒書)』, 한국학중앙연구원장서각,
1939, 81a쪽.]

뼈끼리의 주파수 공명이 사실이라면 살아 있는 부모와
자식 간에도 활발히 일어나야 한다. 홍대용은 살아 있는
사람 간에도 일어나지 않는 공명이 어떻게 죽은 사람과
산 사람 간에는 일어날 수 있냐는 매우 상식적인 비판을
펼쳤다.
평소에 불효하던 자식이 부모가 죽자 부모의 묏자리에
신경을 쓰고 파묘를 여러 번 하면서 일확천금을 꿈꾼다는
논리가 동기감응론이다. 윤리적으로도 패륜인 주장이다.
동기감응론은 모두 새빨간 거짓이다.
1000원권 지폐의 인물이 퇴계 이황이다. 5000원권 지
폐의 인물은 율곡 이이이다. 5만 원권 지폐의 인물은 신사
임당이다. 세 인물의 공통점은 무엇일까? 주자학의 정신
을 대표한다는 것이다. 중국 남송의 위대한 학자 주희(朱
子)는 공자(孔子)와 맹자(孟子)가 이룬 유학의 성취를 이

은 계승자로 추앙받는 인물이다. 중국 본토보다는 조선에서 더 신격화된 인물이 주희인데 공자와 동격이라 해서 주자라고 부른다.

주자학의 핵심은 이기론(理氣論)이다. 세상은 이와 기로 이루어져 있다고 주장하는 이론이다. '기'는 어떤 질서를 가지고 움직이는데, 기를 움직이는 질서를 '이'라고 한다. 공자의 유교는 실천적인 예(禮)를 강조하는 생활 종교였다. 유학자들은 불교가 현실을 벗어난 허황된 우주론으로 유교를 위협한다고 생각했다. 만사가 헛것이라고 오해를 낳을 수 있는 불교의 세계관은 유교의 생활 지침서를 위협했다. 주희는 '만사가 다 헛것인데 예의는 지켜서 무엇 하나?' 하는, 내세만 중시하고 현세를 평가절하하는 불온한 사상이 퍼지는 것을 두고 볼 수 없었다. 주희는 불교의 공(空)을 '기'로 물리쳤다. 비어 있는 것 같지만 사실 '기'로 가득 차 있다는 주장이었다. '기'의 운동을 보니 성실함이 본질이고 이 본질을 '이'라고 보았다. 우주의 본질이 텅 빈 허무가 아니고 성실함으로 가득 차 있다는 것이 주자의 세계관이다. 우주의 성실함을 본받아 인간은 다시 예에 집중해야 한다는 것이 주자학의 핵심 교리다.

이이와 이황은 이기론에서 기가 우선인지 이가 우선인지를 놓고 의견이 나뉘었다. 이기론의 탐구가 활발했던 조선은 이황과 이이의 주자학 연구 성과에 힘입어 중국을 제치고 주자학의 종주국이 되었다. 아무나 화폐에 얼굴을 넣어 주지 않는다. 한국은행도 주자학의 성과를 인정하고 있는 셈이다. 근대 이전의 철학자를 화폐의 인물로 쓰고 있는 나라는 한국밖에 없다. 태극기도 주자학의 세계관과 연결되어 있다. 주자의 사상에 토를 달면 바로 사약을 받을 정도로 주자학을 중요하게 여기는 나라가 조선이었다.

주자는 음택풍수를 신봉하는 글을 남겼다. 「산릉의장」이다. 왕릉 조성과 관련하여 논의를 요청한다는 의미의 글이다. 남송의 황제 영종에게 주희가 올린 상소문 같은 것이다. 내용은 영종의 아버지인 효종의 능을 아무 데나 조성하면 안 되고, 음택풍수의 이론을 따져서 명당에 능 자리를 마련해야 한다는 것이다. 조선이 숭상하는 주희가 이런 글을 남겼으니 그 영향력이 지대했다. 요즘 지관들도 「산릉의장」을 바이블처럼 모시고 산다. 주희는 정말 음택풍수의 이론을 믿었을까? 결론은 아니다. 믿지 않았다.

『근사록』은 주자가 쓴 '주자학 개론'에 해당하는 책이다. '근사(近思)'의 의미는 심오하다. 진리를 단번에 알 수 없지만 성실하게 배우고 생각하면 진리에 가까이 다가갈 수는 있다는 뜻이다.

「산릉의장」은 황제에게 올리는 일회성 상소문이었다. 『근사록』은 주자학의 바이블이다. 『근사록』에 담긴 생각이 주희의 생각에 더 근접한다고 볼 수 있다. 『근사록』
에 음택풍수와 관련한 주희의 생각이 다음과 같이 기록되
어 있다.

세 가지 실천해야 할 당부가 있다. 첫째, 후손의 복보다
영혼의 평온한 안식이 중요하다. 둘째, 방위나 길흉에 휩
쓸리지 말아라. 셋째, 효심으로 정성을 다하여 밉지 않고
아름다운 땅에 고인을 편하게 모셔라.

다섯 가지 묘지를 쓸 때 피해야 할 장소가 있다. 첫째, 도
로를 피하라. 둘째, 성벽 아래를 피하라. 셋째, 도랑이나
개천을 피하라. 넷째, 권력자에게 뺏길 우려가 있는 땅을
피하라. 다섯째, 농사짓는 경작지를 피하라.

卜其宅兆, 卜其地之美惡也. 地美則其神靈安, 其子孫盛然則
曷謂地之美者, 土色之光潤, 草木之茂盛, 乃其驗也. 而拘忌者
惑以擇地之方位, 決日之吉凶, 甚者不以奉先爲計, 而專以利
後爲慮, 尤非孝子安厝之用心也. 惟五患者不得不慎 : 須使異
日不爲道路, 不爲城郭, 不爲溝池, 不爲貴勢所奪, 不爲耕犁
所及.

[주희, 여조겸(呂祖謙), 『근사록(近思錄)』, 타이완상우인
수관(臺灣商務印書館), 1986, 699-93b쪽에서 원문을 의역
함.]

세 가지 당부와 다섯 가지 금기를 보면 되레 풍수를 들먹이지 않는다. 오히려 방위와 길흉에 휩쓸리는 것을 경계했다. 음택풍수에 휩쓸리지 말라는 메시지다. 다섯 가지 피해야 할 장소도 풍수 이론이 아니라 상식에 가깝다. 권력에 뺏길 땅과 경작지를 제외한 도로, 도랑, 성곽에는 상식적으로 아무도 묘를 쓰지 않는다. 풍수를 모르는 사람도 도로나 도랑에 고인을 모시지는 않는다. 그것은 시신을 버리는 행위와 같은 것이다.

다섯 가지 피해야 할 장소의 또 다른 공통점은 파묘와 이장이 빈번하게 일어난다는 점이다. 권력자에게 땅을 뺏기면 이장을 해야 하고, 경작지도 매매가 빈번하다면 이장할 수밖에 없는 장소다.

『근사록』이 말하는 묏자리는 고르기가 어렵지 않다. 고향의 산하는 모두 아름답다. 지관까지 모셔서 이것저것 복잡하게 고민할 것이 없다. 그냥 눈으로 보아 편안한 산이나 들에 묘를 쓰면 된다는 이야기다. 도랑 같은 데만 버리지 않으면 된다는 말이다.

그럼 「산릉의장」은 왜 쓰였을까? 효종은 당초에 큰아들 광종에게 황위를 물려주었다. 광종이 제대로 역할 수행을 하지 못하자 걱정하던 효종이 둘째 아들인 영종을 태자로 세우려 했다. 자신의 입지가 흔들린다고 생각한 광종은 이때부터 삐뚤어져서 아버지 효종에게 온갖 패륜을 일삼았다. 결국 효종이 죽었고 마치 연산군 같던 광종은 아버지의 장례를 제대로 치르려고 하지 않았다. 아버지의 시신을 거의 도랑에 버릴 지경이었다. 결국 신망을 잃은 광종은 동생 영종의 쿠데타로 황위를 잃었다.

주희는 새로운 황제 영종의 측근이었다. 영종에게 아버지 효종을 편안한 장소에 모시고 장례를 마쳐 달라는 부탁을 한 것이 「산릉의장」이다. 음택풍수는 효종에 대한 예의를 강조하는 도구로 쓰였을 뿐 본질은 영종이 불효자의 길을 간 큰형 광종과는 달리 효자가 되어 달라는 호소였다. 예의를 중시하는 주자학의 창시자로서 주희는 장례가 차일피일 미루어지는 불효를 차마 볼 수 없었다.

주자의 음택풍수에 관한 생각은 『근사록』에 담긴 것이 본심이다. 전후 사정의 이해 없이 「산릉의장」만 가지고 주자의 본의를 왜곡하면 안 된다. 주자는 효에서 벗어난 음택풍수의 금기들을 부정했다. 음택풍수의 폐단을 초래한 원흉은 주자가 아니라 부모의 시신을 로또로 여겼던 수많은 불효자였다.

지하 수맥이 흐르면 나쁜 땅일까?

풍수를 지하 수맥 찾기로 잘못 이해하는 사람들이 있다.

수맥론자가 그렇다. 지하 수맥이 땅 위에 있는 집과 사람을 해친다고 주장한다. 지하 수맥이 흉가를 만들고, 흉가에 사는 사람들은 암에 걸리거나 정신병이 든다는 주장이 맞을까? 이런 믿음은 정말 심각한 미신이다.

지하 수맥 이야기는 정통 풍수서에는 없다. 물맛에 관한 이야기는 있으나 대부분 지표수와 관련되어 있다. 『택리지』에 샘이나 지표수에 대한 자세한 설명이 있다. 하지만 내가 본 정통 풍수서에서 지하 수맥 이야기를 담고 있는 책은 한 권도 없었다. 지하 수맥 이야기는 어디서 왔을까? 중국을 포함한 동양이 아니라 놀랍게도 유럽이다. 대학에서 자연지리학 개론에 해당하는 '인간과 자연환경'이란 수업을 들었다. '지하수' 편 진도를 나가기 전에 지하 수맥에 얽힌 미신을 소개한 도입부에서 수맥 탐지술사(Water Witch, '수맥 탐지하다'라는 동사로도 쓰인다), 일종의 무당 같은 사람 이야기를 처음 보았다.

옛날부터 유럽에서는 샤먼이 마법을 써서 지하수를 찾아냈다. 버드나무 가지를 들고 가다가 갑자기 확 꺾이는 지점이 나오면 땅을 파서 지하수를 찾았다. 내가 배운 지형학 교과서에조차 로이 골드스웨이트(Roy Goldthwaite)라는 수맥 탐지술사의 사진이 실려 있었다. 이 사람은 미국 매사추세스주에서 지하수를 잘 찾기로 유명했다고 한다. 정말 이것이 가능할까? 결론은 불가능하다. 과학이 아닌 미신에 가까운 유사 과학일 뿐이라는 의견이 지배적이다.

그림 2에서 보듯 지하수는 생각보다 규모도 크고 범위도 넓게 존재한다. 버드나무 가지가 왜 꺾이는지는 모르지만, 그것과 지하수의 인과관계는 검증된 바가 없다. 버드나무가 꺾이는 지점에 지하수가 있다면 꺾이지 않은 지점에도 지하수가 있을 것이다. 그림 2의 지하수 단면도는 어느 지점을 파도 지하수와 만날 수 있음을 보여 준다. 지하수 분포가 지질학적 스케일임을 이해해야 '수맥이 흉가를 만든다'는 미신을 물리칠 수 있다.

그림 2를 보면 지하수는 암석의 틈에 모여 있는 물이다. 화강암에서는 화강암이 쪼개진 틈이 지하수가 다니는 길, 즉 지하 수맥이다. 퇴적암에서는 모래처럼 물을 품을 수 있는 사암층에 지하수가 집중한다. 지질학적 스케일은 지하수가 생각보다 광범위하게 분포한다는 의미를 가진다. 지하수의 크기는 인간의 몸이나 집과는 비교할 수 없을 정도로 크고 넓다. 땅을 파는 빈도나 깊이가 문제일 뿐, 땅 밑에는 지하 수맥이 고르게 발달되어 있다. 집 안방에는 지하수가 흐르는데 거실에는 지하수가 없다는 식으로 지하 수맥 분포를 설명하는 것은 헛소리다.

현대의 수맥론자는 버드나무 대신 알파벳 L자 모양의 금속성 작대기 두 개를 들고 두 작대기가 갑자기 X자로 교차하는 지점에 지하 수맥이 있다고 주장한다. 수맥보다

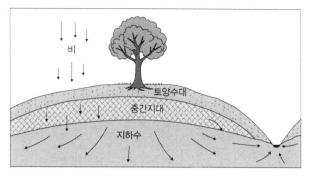

그림 2. 지하수의 구조

비가 내리면 빗물이 지하로 스며들어 식물의 뿌리가 내린 토양수대와 모래, 자갈이 있는 중간지대를 거친다. 물이 통과되지 않는 암반을 만나면 지하수로 고인다.

는 자석의 작용이나 손의 마술로 의심된다. 어쩌다 국내로 수입된 서양의 비과학적인 지하수 탐사 방법은 풍수의 지기 탐사로 둔갑하고 있다.

1990년 독일 카셀시에 세계적인 수맥 탐지술사 30명을 모아 놓고 수맥을 찾을 수 있는지를 테스트했다. 땅을 파서 지하 여러 곳에 물통을 묻어 놓고 탐지봉으로 찾게 했다. 결과는 탐지 실패였다. 수맥 탐지술사의 수맥 찾기는 법칙이 아니라 요행이었음이 검증되었다.

동전 던지기를 해도 50퍼센트는 예언한 대로 결과를 만들 수 있다. 사람들은 50퍼센트의 확률을 아주 높은 수

치라고 느낀다. 점집에 가 보면 반은 틀리고 반은 맞다. 동전 던지기와 같은 확률인데 용한 점쟁이가 된다. 틀린 것은 카운트하지 않고 맞는 것만 카운트한다. 지하 수맥도 마찬가지다. 열 번 파서 한 번이라도 성공하면 용한 지하 수맥 마법사가 된다.

하여간 100보를 양보해서 지하 수맥을 탐사한다고 치자. 그런데 지하 수맥이 인간을 해칠 수 있을까? 음택풍수에서 묘지에 물이 차는 것을 꺼리는 것은 사실이다. 음택풍수는 좋게 해석하면 조상숭배의 기술, 즉 죽은 사람에게 예의를 갖추는 기술이다. 풍수를 동원하지 않더라도 숭배의 대상인 조상의 시신이 물에 잠겨 있다면 누구나 마음이 불편할 것이다. 왜 불편할까? 사람이 물에 빠지면 익사할 수 있다. 지속적으로 물속에 갇혀 있다는 것은 그 자체로 기분이 나쁠 수 있다. 불길한 느낌이 드는 것이 당연하다. 지하수에 무슨 독이 있어서 시신에 해를 주는 것이 아니다. 우리를 살리는 물이지만 물속에 빠지면 위험해서 피하는 것뿐이다. 지하 수맥론자는 지하수 자체를 오염 물질이라고 생각한다. 지금처럼 상수도가 없던 옛날에는, 특히 가뭄이 지속될 때는 물이 생명처럼 소중했다. 예나 지금이나 가뭄이 들면 지표수, 지하수 가릴 것 없이 물을 찾아야 살 수 있다. 물은 생명 유지에 필수적인 귀한 존재일 뿐 결코 흉가를 만드는 마성의 존재가 아니다.

유토피아를 생각해 보자. 산골짜기에 하천이 흐르고 그 하천이 침식과 퇴적을 통해 평지를 만들면, 거기에 마을이 들어서고 논밭이 생긴다. 명당에는 반드시 물이 있어야 한다. 배산임수 구조에서 명당은 반드시 산과 물, 그 사이에 있다. 즉 명당은 물길에 잇닿아 있는 공간이다.

지하수도 지표수와 같이 지대가 높은 곳에서 낮은 곳으로 흐른다. 물길에 맞닿은 명당이라면 그 명당 아래에는 수맥이 흘러 강으로 들어간다. 가을에 강물이 맑은 이유는 비가 내리지 않는 건기라서 빗물보다는 지하수가 강물로 더 많이 흘러나오기 때문이다. 명당에 자리한 마을 그 지하에는 수많은 수맥이 흐르고 있다.

병산서원에 인접한 안동 하회마을은 배산임수 명당의 전형적인 예다. 지하수도 지표수와 같이 강과 가까운 지역일수록 집중적으로 모인다. 즉 강에 아주 인접한 하회마을은 매우 강한 지하수의 영향을 받는 땅이라고 볼 수 있다. 지하수가 나쁜 영향을 미친다면 하회마을은 명당이 될 수 없고 흉가만 남은 폐촌이 되어야 했다.

양반의 집에는 반드시 우물이 있었다. 강화도의 핵심 명당으로 볼 수 있는 용흥궁에는 집 안 여기저기 우물이 있다. 지하 수맥이 인체에 치명적인 해를 준다면 우물 근처 집들은 모두 흉가가 되어야 한다. 오히려 지하수나 샘은 기피 시설이 아니라 식수용으로 반드시 있어야 할 기

그림 3. 용흥궁 우물

농사를 직접 지어야 하는 형편에서 갑자기 왕이 된 철종이 살던 집, 용흥궁에도
우물이 있었다.

반 시설이다. 지하 수맥과 인체 건강은 전혀 무관하다.

건조지역의 오아시스 아래에는 거대한 지하 수맥이 흐른다. 사막에서 사람이 살 수 있는 곳은 지하수를 얻을 수 있는 오아시스다. 지하수가 사람에게 부정적인 영향을 주었다면 오아시스에 사람이 사는 것이 불가능했을 것이다. 지하 수맥이 흐르면 흉가라는 주장은 전형적인 미신이다.

다시 영화 〈파묘〉로 돌아가 보자. 미국 로스앤젤레스 부촌에서 잘사는 교포가 자식에게 닥친 불행의 원인을 찾다가 용한 무당 이화림을 부른다. 화림은 조상의 묫자리에 문제가 있다는 진단을 하고 지관 김상덕(최민식)에게 협업을 요청한다. 그리고 문제의 조상의 묫자리를 파묘한다. 이것이 큰 줄거리다.

여기서 우리는 파묘의 메커니즘을 발견한다. 대략 그 과정을 분류해 보면 7단계다. 1단계 집안의 우환 발생, 2단계 무당에게 인생 상담, 3단계 조상 묫자리의 문제 확인, 4단계 파묘, 5단계 무덤 속에서 험한 것 확인, 6단계 이장 또는 화장, 7단계 비용 지불의 순서다.

이 메커니즘을 통해 알 수 있는 한 가지는 잘되는 집안은 파묘를 하지 않는다는 사실이다. 1단계에서 집안에 우환이 없는데 다음 단계로 가서 파묘하는 일은 없다. 묘를 허물고 광중(壙中, 관이 들어 있는 곳)을 보는 것은 평생한 번 있을까 말까 한 일이다. 무서운 경험이다. 가뜩이나 금기가 많은 묘를 잘되는 집안에서 함부로 건드릴 리가 없다. 결국 안되는 집안만 파묘를 한다.

미신을 깨뜨리기 위해서는 의문을 가져야 한다. 혹시 잘되는 집안도 파묘하면 무덤 속에 험한 것이 있지 않을까 하는 의문이다. 정말 잘되는 집안의 광중은 깨끗하고, 안되는 집안의 광중만 흉측할까? 혹시 묘지 속에서 볼 수 있는 불편한 광경들이 일반적인 현상은 아닐까?

이런 의문을 가지고 실제로 비교 분석을 한 사람이 있었다. 『성호사설』에 그런 이야기가 실렸다. 전라도 전주 시장 격인 전주 부윤으로 재직하고 있던 이익의 지인이 대규모 이장을 할 일이 생겼다. 그때 무덤의 상태와 후손들의 상태를 비교 분석했다고 한다. 그 결과 놀랍게도 무덤 속 상태와 후손들의 빈부, 행불행은 아무 상관이 없었다고 한다. 이익은 『택리지』에 서문을 써 줄 만큼 풍수에 대한 이해가 높았던 실학자다.

최창조 교수의 책 『땅의 논리 인간의 논리』를 보면 당시 조선 사람들이 풍수에 빠져 사람의 길흉화복이 조상묘에 의해 결정된다고 믿어서 부모의 묘를 여러 번 파묘하는 불효를 저지르고 있다고 이익이 한탄하는 내용이 나온다.

이익은 음택풍수라는 미신에 한번 빠지면 존경받는 선

비나 학자들도 허황된 말을 퍼뜨리며 말년에 명예와 건강 모두를 잃고 신세를 망치게 된다고 준엄하게 경고했다.

음택풍수에 대해 공개적으로 비판을 시작한 사람들은 조선 후기 실학자들이었다. 앞에서 예로 든 성호 이익뿐 아니라 정약용 등의 여러 실학자가 음택풍수의 폐단을 지적하고 민중을 계몽하려 애썼다. 가장 후련하게 음택풍수를 비판한 실학자가 『북학의』를 쓴 초정 박제가다. 『북학의』에 나오는 박제가의 어록 몇 가지를 기억나는 대로 나열하고 시작하는 것이 좋겠다.

1. 이미 백골 상태가 된 부모님을 두고 공경하는 마음보다 자신의 길흉화복만 점을 치려 하니 불효자의 이기심이 극심하다.

夫以旣骨之親, 卜自己之休咎, 其心已不仁矣

2. 요즘 사람들이 파묘를 하면서 무덤 속에 물이 들어온 흔적이나 곡식 껍질이 있다든가, 관이 뒤집혔다든가, 시신이 사라졌다거나 하는 일이 있다고 (파묘를 주장한) 지관의 말이 신기하게도 맞았다고 놀라워하는데, (파묘 과정에서 관찰되는 여러 현상이) 땅속에는 흔히 일어나는 일이라는 것을 전혀 몰라서 하는 이야기며, 길흉화복과는 조금도 관련이 없다는 사실을 몰라서 그렇다.

今人, 莫不以改葬, 潮痕·穀皮·翻棺·失屍之事, 爲靈驗, 殊不

知此地中之常事, 而少無關於禍福

3. 지금 부귀영화를 누리는 자들은 특별히 자신들의 조상 묘를 (파묘하지 않아서) 못 본 것뿐이다. 만약 그들도 무덤을 파 본다면 (눈에 보기에 험한) 걱정스러운 현상들을 반드시 경험하게 될 것이다.

今榮華尊富之家, 特不能盡視其祖墓耳, 視必有此數者之患

[박제가, 『북학의(北學議)』, 한국학중앙연구원장서각, 1778, 26a쪽.]

내용이 복잡하지만, 박제가의 주장을 길게 나열한 이유는 〈파묘〉 문제의 핵심을 잘 지적하고 있기 때문이다. 주장의 핵심은 잘되는 집안이나 안되는 집안이나 묘를 파 보면 모두 지하수에 영향받은 흔적을 발견할 것이라는 점이다.

지형학을 배우면서 나의 상식 한 가지가 깨졌다. 지형학을 배우기 전에는 높은 산에서 지하수와 지표수의 간격이 멀어서 지하수의 영향이 없다고 생각했다. 그런데 실제로 지표면과 지하수면은 일정한 간격을 유지한다. 산으로 갈수록 고도가 높아지는 것처럼 지하수면도 수위가 높아진다. 여름 장마철에 비가 지하수로 유입되면 지하수면이 지표에 더 가까워진다. 산이라 해도 장마철에는 무덤 속이 지하수의 영향을 받을 수 있다. 또 비가 오면 지표수

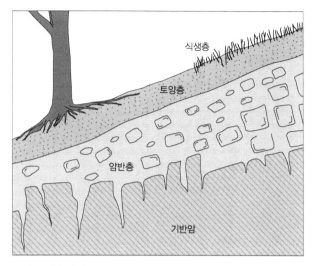

그림 4. 지하 단면도
지하수는 암반층과 기반암 틈새에 고인다.

가 지하로 유입되는 과정에서 무덤에도 물이 찰 수 있다. 박제가는 모든 묘지가 지하수 영향을 받을 수밖에 없는 인과관계에 대해서는 특별한 설명을 하지 않았다. 지하 세계에는 사람이 모르는 자연의 작용이 있을 것이라고 추측했다. 아서 스트랄러(Arthur Strahler)라는 자연 지리학자가 쓴 교과서 『자연 지리학의 요소(Elements of Physical Geography)』를 보면 박제가의 주장이 왜 합리적인지 알 수 있다.

그림 2에서 지하수의 상하 이동이 일어나는 영역을 중간지대(intermediate belt, 지표면과 지하수면 사이의 중간 영역)라고 표시하고 있다. 지하수는 수량에 따라 상하 이동을 한다. 평소 중간지대는 지하수 영향을 받지 않는다. 우기에는 빗물 유입으로 지하수면이 위로 올라와서 중간지대에도 물이 찬다.

땅 파고 묘를 쓸 때 관은 중간지대에 놓이게 된다. 중간지대는 빗물이든 지하수든 언제나 물의 침입에 노출되어 있다. 지형학을 몰랐던 박제가는 이 사실을 상식으로 막연하게나마 알고 있었다. 잘되는 집안도 파묘하면 물의 흔적을 볼 텐데, 안되는 집안만 묘를 파니 '안되는 집안만 무덤에 물이 찬다'는 잘못된 도식이 생기는 것이다.

영화 〈파묘〉에서 험한 것이 나오는 것은 이상한 현상이 아니다. 박제가의 말처럼 땅속에서는 흔한 일이다. 그림 4의 지하 단면도를 보면 쉽게 짐작할 수 있다. 맨 위에 나무와 풀 같은 식생층이 있고, 그다음 토양층, 풍화된 암반층, 마지막으로 기반암 순으로 땅 밑의 세계가 구성된다. 무덤 속 매장된 관은 토양층 혹은 풍화된 암반층에 위치하게 된다. 식물의 뿌리나 각종 토양 생물이 활발하게 활동하는 곳이다. 침식에 의한 산사태로 무너지기도 하고, 토양층과 풍화된 암반층이 천천히 산 아래로 밀려 내려갈 수 있는 곳이다. 경사면에서 토양의 이동은 시신이 없어질 수 있다는 이야기로 연결된다. 사람은 땅속에서 일어나는 일을 잘 모르지만, 자연에서는 흔한 현상이라는 박제가의 말은 지형학적으로 사실이다.

2
좋은 땅에서 좋은 아파트로

'좋은 땅'에서 '좋은 아파트'로 관점을 바꾸자

영화 〈파묘〉의 흥행을 보는 심정은 착잡하다. 풍수로 관심을 끌어 준 것은 좋다. 지인들이 〈파묘〉를 보고 그제야 나를 생각했다고 한다. 평생 음택풍수는 본질이 아니라고 주장을 해 왔지만, 아무도 이야기를 들어 주지 않은 셈이다. 풍수는 파묘할 때나 생각나는, 무시할 수 없는 미신으로 이미지가 고착되었다.

묘지 다음으로 풍수 전공자인 내가 가장 많이 받은 질문은 '어느 아파트가 풍수적으로 좋냐'는 것이었다. 음택풍수는 사술이며 나는 샤먼이 아니라고 했더니 나한테 돌아오는 역할은 '부동산업자'였다. 역적으로 내몰린 이중환은 운명적으로 마을을 선택하는 지혜를 모은 『택리지』를 썼다. 나는 운명적으로 아파트를 선택하는 '택아(파트)지'를 써야 할 판이다. 음택풍수는 종교나 미신의 영역에 확실히 들어가 있다. 풍수에서 미신을 빼고 나면 남는 게 별로 없다. 음택풍수라는 미신의 영역을 제거하고도 뭔가 의미 있는 풍수의 역할이 있다는 것을 보여 주어야 한다. 참 답답할 노릇이다.

생각을 바꾸기로 했다. 대중의 삶에서 필요한 일이 좋은 아파트를 찾는 것이라면 거기에 답을 해야 할 의무가 있다. 『택리지』는 권력가에 밉보여 머물 곳 없이 방황하던 몰락한 엘리트를 위한 좋은 마을 찾기 지침서였다. 조선 후기는 아무리 미화해도 망해 가는 나라였다. 양반들은 당파 싸움에 밀리면 죽음을 면하기 어려웠고, 백성들은 가혹한 세금 징수를 피해 도망가야 했다. 대혼란의 시대에 머물 수 있는 마을의 조건을 제시한 책이 『택리지』다. 이중환은 택리지를 통해 시대의 아픔에 답했다. 풍수에서 미신을 빼면 무엇이 남을 수 있는지를 보여 준 진짜 풍수서가 『택리지』다. 지리, 생리, 인심, 산수의 네 가지 기준을 명확히 제시했다.

1990년대에 풍수에 대한 세상의 관심이 다시 커졌다. 그때 우리는 엘리트 풍수를 지향했다. 지관들을 비난하면서도 고고한 척 도사라도 되는 양 신비주의 뒤에 숨었다. 결과적으로 반짝하던 관심은 시들고 풍수는 다시 미신을 빼면 남는 것이 없는 상태가 되었다.

조선 시대 명당 발복 전설을 가진 사대부 집 이야기나 왕릉을 둘러싼 암투, 이런 이야기로는 풍수는 허황된 잡설에서 벗어날 수 없다. 지금 우리 사회가 당면한 현실에서 풍수가 어떤 대안을 제시할 수 있어야 한다. 주거 환경이 문제라면 일종의 풍수 환경 영향 평가를 통해 해결책을 제시해야 한다. 그래서 아파트가 명당인지 묻는 사람들을 속물로 취급하지 않겠다고 다짐한다. 생생한 삶의 문제이기 때문이다. 그들의 삶에서 아파트가 갖고 있을 의미가 작지 않을 것이기 때문이다. 1990년대 풍수는 '좋은 땅이란 어디인가?'라는 질문으로 시작되었다. 이제는 좋은 아파트에 관한 질문으로 다시 시작해야 할 때라고 생각한다. 대중의 삶과 연결된 풍수를 이야기하지 않으면 결국에는 또 음택풍수의 미신밖에 남지 않을 것이라는 두려움 때문이다.

어메니티와 지기

땅의 기가 좋은 곳에 지은 아파트는 풍수적으로 좋은 아파트다. 땅의 기, 지기가 좋다는 것을 이해할 수 있어야 좋은 아파트 선택이 가능하다. 30년 전에 지기를 설명하겠다고 책을 낸 적이 있다. 끝없이 같은 말, 비슷한 말만 반복하다가 지기를 설명하는 데 실패하고 말았다. 책은 제법 인기를 얻기도 했고 접근 방식도 반짝 관심을 받았으나 지속할 힘을 갖지 못했다. 여전히 어렵다는 것이 객관적인 평가였다. 좀 더 구체적이고 직관적인 설명 방식이 필요하다는 교훈을 얻었다. 전략을 바꾸었다. 지기를 직접 설명하지 않고 비슷한 단어를 찾기로 했다. 고심 끝에 찾은 단어가 '어메니티(amenity)'다.

　나는 여행을 좋아한다. 낯선 풍경을 보는 것이 직장과

집에 얽매여 사는 일상의 고달픔을 위로해 준다. 호텔에 머물 때 어메니티를 만난다. 어메니티는 화장실에 비치된 일회용 서비스 물품이다. 샴푸, 린스, 로션 등이다. 내 가족은 어메니티를 모으기까지 한다. 여행의 추억을 담는 물건도 된다. 건축시공을 하는 사람들에게 어메니티는 편의시설이다. 주 건물에 부속으로 있는 수영장, 헬스장, 매점, 식당, 카페, 어린이 놀이터 등을 말한다.

어메니티라는 단어를 처음 만난 것은 대학교 2학년 때 '도시 지리' 수업 시간에서였다. 도심의 집들이 교외로 이동하는데 그 이유가 어메니티 때문이라고 배웠다. 여기서 어메니티는 '쾌적함'으로 번역된다. 출퇴근 거리도 멀어지는데 왜 굳이 도심의 편리한 인프라를 두고 교외로 나가야 할까? 쾌적함이라는 이유만으로는 잘 이해할 수 없었다. 그 후 어메니티는 풀리지 않은 수수께끼가 되어 내 안에 남았다.

나중에 풍수를 배우고 자식을 낳아 길러 보니 비로소 어메니티가 무엇인지 느낌이 왔다. 청량음료를 마신 후의 상쾌함이나 아침 운동 후에 땀을 식히는 시원한 바람이 불어올 때의 쾌적함에 더하여 한 차원이 더 있었다. 건강이었다. 도시의 분진, 자동차 배기가스, 공장이 내뿜는 유해 물질은 사람에게 해롭다. 도시 생활의 구조적 복잡함 때문에 얻는 정신적 스트레스도 건강에 해롭다. 이런 문제 정도는 각오해야 하는 것이 오늘날 삶의 현실이다. 그러나 결혼하고 어린 자녀를 키울 생각을 하면 그때부터 어메니티는 무시할 수 없는 존재가 된다. 도시의 공해로 나의 건강은 나빠질 수 있지만 당장 결과가 눈에 보이지 않으니 시급한 직장이나 돈 문제 때문에 견딜 수는 있다. '나의 건강' 대신 '자녀의 건강'을 대입하면 상황이 달라진다. 쾌적한 곳의 의미는 건강하게 자식을 키울 수 있는 곳으로 해석해야 한다. 어메니티를 처음 접했던 도시 지리 수업 시간에서도 어메니티를 찾아 교외로 이주한 가구 중에 어린 자녀를 둔 부부 가구가 많았다고 배웠다.

내가 배운 풍수는 '삶의 지리, 생명의 지리'였다. 풍수의 지기는 단연 생명력을 풍부하게 해 주는 기운이다. 건강과 생명력은 동전의 양면처럼 겉만 다를 뿐 본질은 같다. 어메니티의 일반적인 정의는 '인간이 살아가는 데 필요한 종합적 쾌적함'이다. 이 쾌적함에 '건강'이 숨어 있다는 것만 기억하자. 지기를 어메니티로 대체해서 이야기해도 되겠다고 생각한 지점이 있다. 어메니티는 물질적인 대상을 지칭하면서 동시에 감정이나 느낌 같은 추상적인 대상을 포함한다. 지기도 똑같다. 구름이나 산, 물을 지칭하기도 하고 그들을 보는 인간의 감정, 느낌을 의미하기도 한다. 풍수에서 위생 상태나 냄새, 경치, 습도, 온도를 지기로 통칭하는데 어메니티도 똑같다. 각각의 단어가 의미하는 바가 물리적인 것에서 인문적인 것까지 모두 포괄하고 있다.

산과 강, 나무와 풀, 바위와 돌과 같은 자연적이면서 물리적인 실체들이 환경을 이루고 있다. 환경이라는 바탕 위에 집이나 도로, 경작지, 다리 같은 인공적인 실체가 존재한다. 자연과 인공이라는 두 영역의 물리적 환경 안에서 인간이 살게 된다. 인간이 환경으로부터 받는 느낌을 지기라고 한다. 지기를 앞서 설명한 개념인 어메니티로 바꿔 놓아도 말이 된다. 풍수가 낯설다면 굳이 지기를 고집할 필요가 없다. 건강을 기반으로 환경을 바라보는 이미지가 서양에서는 어메니티, 풍수에서는 지기로 개념화된 것이다.

풍수적으로 좋은 아파트의 조건

좋은 아파트의 첫 번째 조건은 앞에서 이야기한 밴티지포인트를 차지하는 것이다. 밴티지포인트는 시각적인 아름다움을 느끼는 자리다. 아파트 단지 안에서 바깥을 볼 때 아름다움을 느껴야 한다. 두 번째 조건은 좋은 어메니티를 확보하는 것이다. 어메니티는 눈을 감아도 느껴지는 감각을 모두 칭하는 개념으로, 좋은 어메니티란 온몸으로 아름다움을 느끼는 것이다. 아파트 내부 환경을 감상할 때 아름답고 쾌적한 느낌이 드는 아파트가 좋은 아파트다.

어메니티가 좋은 아파트는 어떤 아파트라고 설명할 수 있을까? 사람마다 어메니티를 주관적으로 평가할 수 있다. 하지만 공통적으로 자연 친화적인 환경에 있을 때 어메니티가 좋다고 느낀다. 먹고사는 문제 때문에 경제활동을 하기 편한 거대도시에 모여 산다. 대신 번잡함과 스트레스를 피할 수는 없다. 잠자고 휴식을 취하는 공간만큼은 고즈넉하게 편안함을 느낄 수 있는 자연 친화적인 장소를 원한다. 첨단 도시와 전원 풍경이라는 두 마리 토끼를 다 잡으려는 심리가 있다. 자연 친화적인 아파트가 어메니티가 좋은 아파트다.

이제 어메니티가 좋은 자연 친화적인 아파트를 찾기 위한 기초 문답을 해 보자. 산속에 있으면 좋은가? 아니다. 산속에 아파트를 지으려면 산을 파괴해야 한다. 산사태의 위험이나 벌레, 뱀 등에 시달리게 된다. 어메니티가 좋을 수 없다. 물속에 있으면 좋은가? 아니다. 침수 위험이 있고 수질오염을 일으킬 수 있다. 습하고, 안개가 자주 끼고, 모기들도 많다. 역시 좋은 선택이 아니다. 산도 물도 아닌데 자연 친화적인 곳은 어디일까? 산이나 강 주변에 있는 넓고 평평한 땅이 어메니티가 좋은 곳이다.

산과 강을 바라볼 수 있을 만큼의 일정한 거리를 유지하고 지형이 평평한 곳에는 대부분 공원이 마련되어 있다. 공원에는 아파트가 들어설 수 없다. 공원을 가까이 둔 아파트가 최적의 어메니티를 가진 자연 친화 주거지가 된다. 도시화 초기에는 녹지 공간이 없었다. 공장이나 주거지 또는 경제적인 활동을 하는 공간이 전부였다. 소득이 높아지고 삶의 질을 중요하게 여기게 되면서 점차 도시에 녹지 공간이 늘어났다.

숲이나 공원이나 모두 녹지 공간이다. 최근 숲을 의미하는 '포레스트'나 공원을 의미하는 '파크'가 이름에 들어간 아파트가 많다. 모두 어메니티가 좋다는 점을 뽐내려는 이름들이다. 서울의 대표적인 녹지 공간은 서울숲이다. 주변에 초고가의 주상복합 아파트가 줄줄이 들어서고 있다. 이미 강남 아파트의 위세를 꺾었다. 어메니티가 전문적인 도시 계획가의 영역에서 대중의 영역으로 확장한 것이다. 이제 대중도 어메니티에 대한 가치를 가격으로 인식하는 시대가 되었다.

서울숲이 있는 뚝섬 일대는 조선 시대에 목장, 채소밭이었다. 그 이후 경마장, 골프장 등 오락 시설들이 들어서기도 했다. 현재는 생태를 강조하는 공원 녹지로 바뀌었다. 여의도나 용산에도 군사시설이 이전한 빈터를 공원 녹지로 조성했다. 여의도를 공원으로 만들 때 반대가 많았다. 빈 땅을 노는 땅으로 보는 사람들이 많았던 탓이다. 값비싼 서울 도심의 땅을 경제적 이익을 도모할 수 있는 땅으로 알차게 사용하지 않는다는 식의 비난이었다. 지금은 도시에서 비워 놓은 땅이 훨씬 높은 가치가 있는 귀한 땅이라는 사실을 모두가 안다. 공원이 많은 도시가 삶의 질이 높은 도시다. 풍수를 강조하지 않더라도 어메니티의 소중함을 모두가 알게 되었다. 그런 시대를 살고 있다.

풍수에서 미신인 음택풍수를 빼고 나면 남는 것이 아무것도 없다고 생각했다. 풍수는 더 이상 존재할 필요가 없을지도 모른다는 두려움이 있었다. 이제 풍수를 다시 보아야 하는 실마리를 찾았다. 풍수에서 음택풍수를 빼 버려도 어메니티가 남는다. 어메니티는 풍수의 세계로 다시 들어갈 수 있는 유일한 교두보가 될 것이다.

풍수는 어메니티를 다루던 기술

풍수는 땅을 살아 있는 존재로 본다. 원시인이 주변의 모든 사물에 영혼이 들어 있다고 믿는 것이 애니미즘이다. 풍수도 애니미즘의 곁가지로 폄하될 수 있다. 처음에는 풍수도 애니미즘에서 출발했을 수 있다. 그런데 현대 과학자들도 애니미즘적인 발언을 한다. 지구 자체가 생물이 아닌 것이 분명한데도 과학자조차 '지구는 살아 있다'라고 한다. 하지만 과학자들을 애니미즘에 빠진 사람들이라고 비난하지는 않는다. 지구에서 일어나는 자연현상들은 아주 미묘하고 복잡하다. 동시에 수많은 요소 간의 상호작용이 밀접하게 일어나 하나의 시스템을 이룬다. 물, 대기 그리고 해류는 끊임없이 순환하여 다이내믹한 변동을 일으킨다. 그러나 장기적으로는 항상성을 가진다. 이처럼 하나의 살아 있는 유기체로 볼 수밖에 없는 특성들이 많다. 그래서 살아 있다고 표현한다. 풍수도 똑같이 산천을 이루는 다양한 요소들이 복잡하고 미묘한 과정을 거치는데, 이 모두를 지기라는 사고의 틀 안에서 설명하는 과정에서 땅을 살아 있는 존재로 보는 것이다.

어메니티를 단순하게 녹지 공간을 사례로 들어 이야기했지만, 메커니즘은 매우 복잡하고 정교하다. 작은 교란이라도 발생하면 조화와 균형이 깨지고 어메니티는 사라진다. 쓰레기 수거가 며칠만 늦어져도 악취가 발생하고 하루살이나 모기의 성가심이 나타난다. 나무 한 그루가 베어져도 바람이 달라지고 새들의 움직임이 특별해진다. 살아 있음은 미묘함을 특성으로 한다. 풍수는 미묘한 환경의 변화가 일으키는 현상들을 반영하여 땅을 살아 있다고 본다. 어메니티도 미세한 환경변화에 반응하여 민감하게 변한다. 민감한 반응을 보고 어메니티도 살아 있다고 말할 수 있다. 어메니티의 미묘한 변화를 아는 것과 지기를 파악하는 것은 결국 서로 같은 것이다. 다시 『북학의』를 보자.

어떤 사람들은 천문술에 대한 미신을 억지로 끌어다 지리에 끼워 맞추려 하는데, 예로부터 (풍수)지리는 모두 지형의 좋고 나쁨에 대한 이론이었지 길흉화복에 관한 것이 아니었음을 모르고 하는 소리다. 임금이 나라를 세우고 도읍을 건설할 때 반드시 그곳 산들이 서로 잘 감싸안았는지(방어에 유리한지) 배와 수레가 모여들기 편리한지를 따지고, 더불어 천하의 정세를 보고 결정한다. 『시경』에 그 땅의 언덕과 습지를 살피고 음지와 양지를 헤아린다는 말이 있는데, 이는 그 땅의 지형과 지세를 말한 것이다. 일반적으로 (음택)풍수설이 근거가 없다는 것은 전통적으로 뛰어난 유학자들이 이미 상세하게 논박한 바 있다.

或者强引天文之說, 以配於地理, 不知古之言地理, 皆形勝而非禍福, 人君建國設都, 必審其襟抱之固, 舟車之會, 與夫天下之勢而定鼎焉, 詩云其相原隰, 度其陰陽, 形勝之謂也, 若夫風水之無徵, 古今名儒之論已詳

[박제가, 『북학의』, 한국학중앙연구원장서각, 1778, 27a 쪽.]

박제가의 주장은 다음 몇 가지로 요약할 수 있다. 음택풍수는 근거가 없다. 땅의 지형을 살피는 것이 지리의 핵심이다. 지리를 살피는 이유는 길흉을 따지기 위함이 아니라 도읍 건설이나 농사를 할 적합한 땅을 찾기 위해서다.

어메니티 관점으로 해석하면 다음과 같다. 언덕과 습지를 살피며 음지와 양지를 헤아리는 일은 어메니티를 평가하기 위함이다. 좋은 기가 모이는 명당은 길흉화복을 주는 땅이 아니라 어메니티가 좋은 땅이다. 인간이 살아가는 데 종합적으로 필요한 쾌적함을 갖춘 곳이 명당이다.

어메니티를 구체적으로 파악하는 것과 풍수를 알아 가는 일이 별개의 길이 아님을 알 수 있다. 『택리지』가 요약한 살기 좋은 마을의 네 가지 요소 '지리, 생리, 인심, 산수'가 어메니티의 구성 요소라고도 할 수 있다. 지리와 산수는 자연적인 요소다. 생리와 인심은 어메니티에 간접적으로 영향을 주는 인문적인 요소다. 자연적 요소도 중요하지만, 인문적 요소도 중요하다. 경제적 기반이 있어야 넉넉한 삶에서 커뮤니티의 단합이 생길 수 있다. "곳간에서 인심 난다"는 속담처럼 최소한의 경제적 기반이 있어야 공동체가 유지될 수 있고, 공동체는 마을의 환경을 지속적으로 유지, 보수할 수 있는 여유를 갖는다. 생리와 인심이 별개 요소가 아니다. 이 두 가지가 있으면 환경을 깨끗하게 유지할 수 있다. 환경이 깨끗해지면 건강한 삶을 지속할 수 있게 된다.

어메니티를 부동산 가격으로 반영하는 이유가 무엇일까? 배고픔을 면하는 절대 빈곤의 단계를 지나면 지속 가능한 삶을 추구하게 된다. 지속 가능한 삶의 기반은 건강이다. 건강하게 살고 싶은 사람들의 욕구가 어메니티에 대한 수요를 일으켰다. 사람들이 건강하게 살 수 있는 땅을 찾는 기술이 풍수라면 어메니티에 관한 관심이 갈수록 높아 가는 이 시대에 풍수를 돌아보는 것은 의미 있는 일이다. 원래 풍수는 묫자리를 다루는 기술이 아니었다. 땅의 생명력이 사람의 삶에 긍정적인 영향을 준다는 통찰로부터 시작된 기술이 풍수다. 풍수는 사실 어메니티를 다루는 기술이었다고 말할 수 있다.

어메니티가 좋은 집을 찾으려면

뛰어난 토목, 건축 기술을 기반으로 지어지는 아파트나 도시는 나름 건강하게 살 수 있는 조건들을 갖추고 있다. 전문가가 어메니티까지 설계하기 때문이다. 장소를 선택하고 설계하고 시공하는 모든 과정에서 어메니티를 꿰뚫고 있는 전문가들이 이미 활약하고 있다.

다만 내 집에 사는 사람은 전문가가 아니라 보통 사람이다. 설계하고 만든 사람과 사는 사람이 다르면 무슨 문제가 있을까? 자동차를 예로 들어 보자. 자동차의 구조나 작동 원리를 몰라도 운전을 잘할 수 있다. 꼭 자동차 전문가가 자동차를 운전해야 하는 것은 아니다. 사고가 나거나 고장이 났을 때는 자동차 전문가가 필요하다. 전문가를 만날 때까지 도로 위에서 낭패를 보아야 한다. 급한 마음에 손을 잘못 대면 문제가 더 커진다. 전문적 지식은 아니더라도 자동차에 대한 기본 상식을 알고 있으면 비상시에 편리하다. 고장을 막기 위해서는 평소 자동차 유지 관리가 중요하다. 평소 관리는 전문가가 아니라 운전자가 해야 한다.

어메니티도 마찬가지다. 전문가가 어메니티 설계를 잘하고 시공을 잘해서 좋은 집을 완성했다. 그러면 어메니티 설계를 모르는 일반인도 별문제 없이 쾌적하게 거주할 수 있다. 어떤 이유로 집에 문제가 생길 때면 전문가의 도움을 받아야 한다. 하지만 폭우로 전기나 보일러가 멈추고 배수관에 문제가 생기면 전문가를 부를 새도 없이 탈출해야 한다. 집의 어메니티를 유지하기 위해서는 일상적인 관리가 필요하다. 자연재해 시 큰 문제가 생기지 않게 낙엽이 하수구를 막지 않도록 미리 청소하거나 가벼운 보수공사를 제때 하는 등의 평소 유지 관리는 전문가가 아니라 집 거주자가 해야 한다.

풍수는 평소의 유지 관리를 위한 통합적인 상식을 제공해 준다. 자연재해를 입는 집들을 보면 환경에 대한 고려 없이 구조나 환경을 변경해서 생기는 경우가 많다. 특히 배수로를 잘못 건드려서 생기는 사고가 잦다. 작은 실개천에 폭우가 쏟아지면 어떻게 변할지 상상해 보면 배수로를 함부로 건드릴 수가 없다. 나무 한 그루를 베어도 바람의 방향이 달라지고, 태풍이 불면 큰 피해를 당할 수 있다.

동물들은 본능적으로 자신의 집을 최적의 장소에 짓고 유지 관리를 한다. 풍수를 이해하게 되면 여러 분야 전문가의 도움을 받지 않고도 자기가 거주하는 땅의 안전을 지킬 수 있게 된다. 모든 것을 전문가에게 맡기고 환경 지식으로부터 멀어지면 위기 대응력이 약해진다.

야구를 보는 데 꼭 규칙을 알아야 할 필요는 없다. 그런데 규칙을 알면 훨씬 더 재미있게 관람할 수 있다. 의식주(衣食住)는 생존에 꼭 필요한 세 가지 요소다. 그중에서 생활공간인 집에 대한 지식이 가장 부족하다. 현대인들에게 '주' 생활은 야구 규칙을 모르고 야구를 보는 상황과 같다. 풍수를 알게 되면 야구의 규칙을 알고 야구 경기를 보는 것과 같은 상태로 바꿀 수 있다. 내가 공부한 풍수는 생활 지형학 또는 생활 기후학이었다. 생활이라는 단어를 붙인 의미가 있다. 이론만을 탐구하는 것이 아니라 실용적으로 구체적인 삶의 현장에서 답을 얻는 학문이라는 뜻이다.

지금 거주하고 있는 집을 어떻게 선택했는지에 대한 질문을 자주 받았다. 나는 자신 있게 답을 했다. 지형이나 기후를 보는 것은 자연재해의 위험 때문이다. 집을 고를 때 눈에 확 들어온 존재가 있었다. 자연재해의 위험이 없다는 것을 알려 주는 지표였다.

그림 5는 아파트 단지를 선택하는 데 큰 도움을 준, 거의 300년이나 된 느티나무다. 강가에 있는 아파트라 홍수가 걱정되었다. 주변 구릉들은 모두 주택으로 개발되어 감싸 주는 산이 없다. 그래서 바람도 갈무리되지 않을 것 같아 염려되었다. 지반이 모래 퇴적층이라면 터가 약해서 건물을 지탱할 수 있을까 하는 우려도 있었다. 이 모든 근심을 덜어 준 존재가 오래된 느티나무였다.

땅의 기운은 눈에 보이지 않는다. 간접적으로 지기를 볼 수 있는 모델이 필요하다. 느티나무가 한 장소에서 300년을 잘 살고 있다면 지기의 건강함은 증명된 것이다. 나는 아파트가 있는 장소의 지질을 모른다. 토목, 건축 전문가도 아니다. 풍수의 지혜를 빌릴 수밖에 없었다. 풍수를 이해하던 과거의 사람들은 눈에 보이지 않는 지기를 눈에 보이는 산과 물, 나무를 통해서 포착하고, 그 기술로

그림 5. 아파트 단지 옆 노거수(老巨樹)

오랜 세월을 견딘 나무의 생명력 자체가 자연재해를 피할 수 있는 땅임을 증명한다.

마을을 선택하고, 집터를 골라 자신의 집을 안전하게 유지하려 했다.

어메니티도 손에 잡히는 존재가 아니다. 산과 물, 나무와 풀을 통해서 간접적으로 추적할 수 있다. 풍수의 방법을 어메니티의 실체를 해독하는 데에도 응용할 수 있다. 식물을 통해서 추상적인 어메니티도 마치 눈으로 확인할 수 있는 대상이 될 수 있다는 말이다. 오래된 나무를 보고 이사할 아파트를 편하게 구한 것처럼 우리 주변의 길가나 아파트 주변에서 자라는 식물들이 어메니티를 증명하고 있다는 생각을 하게 되었다. 이때부터 길가의 식물을 들여다보기 시작했다.

3
식물과 친해지기

방학동 은행나무

대학원에서 풍수를 기반으로 서양 지리학의 지평을 더 넓히려고 노력했던 1991년에 방학동 은행나무가 사회적 이슈가 되었다. 아파트 단지가 들어서면 600년 이상 된 은행나무 고목이 죽을 수밖에 없다며 환경 운동가들이 단식 투쟁을 했다. 김지하 시인, 최창조 교수, '자연의 친구들' 대표 차준엽 씨 등이 가세해 은행나무 지키기 운동의 의의를 전파하기 위한 다양한 학술 행사를 개최했다. 나는 최창조 교수님을 따라 그 현장으로 갔다. 그때 교수님은 방학동 은행나무의 풍수적 의미에 대해 발표하셨다.

은행나무가 있는 곳은 도봉산과 북한산의 기운이 서로 만나 충돌하는 지점이다. 은행나무가 태풍의 눈과 같은 위치에 있어서 교란된 지기의 흐름을 바로잡아 준다고 하셨다. 풍수적으로 중요한 자리에 위치해서 방학동의 기운을 좋게 하는 이 고목을 반드시 살려 내야 한다고 덧붙이셨다.

풍수가 환경 운동에 영향을 준 최초의 사건이 아니었나 생각한다. 은행나무의 중요성이 알려지면서 결국 아파트 건설 업체가 한발 물러나서 아파트 층고를 낮추었다. 행정관청 역시 은행나무를 위협하던 기존의 빌라를 매입하여 철거했다. 그 후 1992년 리우 지구 환경 회의에서 방학동 은행나무는 지구의 생명 나무로 지정되었다. 많은 이들의 노력이 열매를 맺어 천년 고목은 지금도 위대한 생명의 기운을 뿜어내고 있다. 나에게 이 사건은 식물이 풍수의 지기를 인식하는 수단이 될 수 있다는 가능성을 열어 주었다.

풍수와 식물

사실 풍수를 처음 배웠을 때부터 명당을 쉽게 찾을 수 있게 해 주는 지표식물을 상상했다. 12세기 사람인 주희도 과학적 방법을 최대한 활용하여 자연을 이해하려고 했다. 『주자의 자연학』을 보면 주희가 천문, 지리, 기상 등의 자연과학 현상에 대하여 얼마나 현대 과학에 근접하게 합리적인 사고를 하고 있었는지를 알 수 있다. 심지어 주희가 유럽보다 200년이나 앞서 지동설의 실마리를 파악했다. 천체의 정확한 운동을 관측할 수 있는 천문시계도 주희로부터 유럽으로 전달되었다.

주희의 친구면서 제자인 채원정은 풍수와 천문 분야의 전문가였다. 주희를 따르는 학자들은 자연현상을 합리적으로 이해하고 설명하기 위해 당대의 자연학 지식을 모두 동원하여 자연을 직접 답사하고 관찰했나. 특히 채원정이

그림 6. 방학동 은행나무 (출처: 한국향토문화전자대전)
오랜 시간 동안 뻗은 뿌리가 재개발로 인해 훼손되면서 시들해졌다가 공사가 중단되면서 지구를 대표하는 생명 나무가 되었다.

쓴 풍수서 『발미론(發微論)』은 옛날부터 내려오던 풍수서의 신비적인 서술 방식을 완전히 탈피했다. 내가 본 풍수서 중에서 가장 상식적이고 합리적인 책이다.

『발미론』은 땅의 기운을 음양의 조화를 기준으로 설명하고, 다시 강유(剛柔), 강약(强弱), 천심(淺深), 동정(動靜) 등 대비되어 상보하는 개념을 통해 땅의 성격을 잘 파악하도록 했다. 신비주의적 서술 방식을 배제하고 주자의 자연학을 기반으로 지형을 분석해 땅의 질서를 밝히고자 노력했다.

이처럼 1000년 전의 사람들도 풍수를 당대의 과학을 활용하여 재구성했다. 반면 21세기를 살면서도 생태학과 지형학의 과학적 지식을 도외시하며 풍수를 신비화하기도 한다. 영화 〈파묘〉는 자연을 애니미즘의 관점으로만 파악했던 옛사람들의 서술 방식을 그대로 답습하고 있다.

일반인이 잠깐의 공부를 통하여 눈에 보이지 않는 지기를 볼 수 있게 된다는 것은 불가능한 일이다. 땅을 파지 않고도 땅 밑을 보는 초능력을 가졌다고 주장하는 자칭 도사가 있었다. 풍수를 다루는 콘텐츠에 어쩌다 보니 같이 출연하게 되었다. 담당 PD의 말을 전해 들으니, 초능력을 보여 주겠다며 큰소리쳤다가 막상 촬영 장소에 나오지 않았다고 했다. 한때 유명했던 어떤 도사 이야기다. 내가 알기로 땅 밑이 보이는 것 같다는 착각은 정신병 또는 환각 상태에서 나타난다. 그런 환각 상태는 보통 6개월 이내 단기간 나타나다가 사라진다고 한다.

나는 지기를 느낀다거나 볼 수 있다고 하는 거짓말에서 풍수를 해방하겠다고 마음먹었다. 주희나 채원정의 과학적 접근을 풍수에도 접목해야 한다고 믿었다. 채원정 이전까지 풍수서는 모두 계시를 내리듯 합리적 설명 없이 무조건 암기하라는 식이었다. 채원정은 추상적인 음양의 조화를 가시적인 용어로 설명했다. 움직임과 멈춤, 단단함과 무름, 깊음과 얕음 등 시각적이고 감각할 수 있는 언어로 명당을 설명했다. 나는 채원정을 통해 '시각화'라는 과제를 풀어야 한다는 자극을 받았다. 시각화의 방법으로 나는 지표식물을 찾기 시작했다. 눈에 보이지 않는 지기를 쉽게 인식하도록 도와주는 지표식물은 애니미즘적인 풍수에서 벗어나지 못하는 현실에 변화를 줄 수도 있을 것 같았다.

어려운 풍수를 쉽게 전달하는 것은 풍수를 천박하게 만드는 것이 아니다. 오히려 풍수가 미신이 아니라 생명사상이 될 수 있도록 하는 지름길이다. 보통 사람들이 지표식물을 길잡이 삼아 자연과 친숙해지다 보면 자연의 소중함을 깨닫게 될 것이다. 사람들이 등산을 즐기지만, 그저 정상을 오르는 기쁨만 느낀다면 아쉬운 일이다. 지기의 심도를 가늠해 보는 풍수 놀이는 놀이로만 끝나지 않는다. 놀이를 통하여 자연과 대화하며 자연과 하나가 되는 기쁨까지 느낄 수 있다. 산을 정복의 대상으로 보는 것이 아니라 산과 하나가 되는 체험에서 훨씬 더 깊은 즐거움을 누릴 수 있다.

지표식물을 발견하기까지

풍수를 쉽게 이해할 수 있는 재미있는 놀이를 만들고자 했지만, 지표식물을 향한 나의 꿈은 좀처럼 실현될 수 없었다. 내가 아무리 식물학자들의 책을 읽고, 자연 도감을 봐도 지표식물에 대한 실마리를 찾을 수 없었다. 그렇게 무심하게 세월이 흘러가던 중, 풍수와는 아주 거리가 멀 것 같은 디지털 기술이 발달하면서 새로운 지평이 열렸다.

스마트폰으로 식물을 촬영해서 그 사진을 애플리케이션에 올리면 어떤 식물인지 답을 주는 세상이 되었다. 지표식물을 탐구하는 데 속도가 붙기 시작했다. 사진이나 그림은 식물의 고정된 시점의 모습만 보여 준다. 동영상은 싹을 틔우고, 잎이 나고, 꽃대를 올리고, 씨앗을 날리고, 결국은 말라서 죽어 가는 식물의 모든 삶의 과정을 볼 수 있게 해 준다. 영상을 통해 식물의 일생 모습과 부분의 자세한 모양 등을 시각적으로 인식하면서 비로소 식물학자를 포함한 전문가들의 말이 이해되기 시작했다. 디지털과 지식공유 플랫폼이 형성된 덕분에 지표식물에 대해 좀 더 자신감을 가지고 이야기할 수 있게 되었다.

주말마다 산책하고 나무와 풀을 관찰하며 생각을 정리하던 과정에서 나를 격려해 주는 문장을 발견했다. 풀이나 나무를 가지고 땅의 특성을 알 수 있다는 공자의 말이었다.

한 나라의 지도자가 어떤 사람인지 잘 모르면 그 사람이 부리는 사람을 보면 되고, 어떤 땅의 성격을 잘 모를 때는 그 땅 위에서 자라는 풀과 나무를 보면 된다.

不知其君, 視其所使, 不知其地, 視其草木.

[왕숙(王肅), 『공자가어(孔子家語)』, 타이완상우인수관, 1986, 695-39a쪽에서 원문을 의역함.]

물론 공자는 땅과 풀보다 쓰는 사람을 보면 그 리더를 알 수 있다는 데 초점을 두고 있었다. 나는 땅을 덮고 있는 풀을 보고 땅의 특성을 알 수 있다는 점에 주목했다. 지표식물을 활용해서 명당의 분포를 알 수도 있겠다는 확신을 얻게 되었다.

자세히 보면 다른 매화, 살구꽃, 벚꽃

명당의 지표식물이 되려면 아무 곳에서나 잘 자라면 안 된다. 특정한 환경 조건에서만 민감하게 자라는 식물이어야 한다. 그리고 분포 지역이 넓어야 한다. 한반도 전역에서 발견되어야 한반도에서 지표 역할을 할 수 있다. 나무보다는 풀이 더 적합하다. 나무는 수명이 수백 년에 이를 정도로 매우 길어서 환경이나 장소에 따라 미묘하게 달라지는 상태를 포착하지 못한다는 결점이 있다. 이에 비해 여러해살이풀이 있기는 해도 풀은 나무보다 상대적으로 수명이 짧아서 역동적인 변화를 더 잘 알아차릴 수 있다.

우리의 삶터 주변에 흔히 분포하는 풀인데 특정한 구역에서만 보이는 풀이 있다면 지표식물의 조건을 잘 갖추었다고 볼 수 있다. 어린 시절 방학 숙제로 식물표본 수집을 해 본 경험이 있다. 주위에서 쉽게 찾을 수 있는 식물을 수집해 오는 거였다. 어린이들의 식물표본에도 충분히 포함될 만한 식물 중에 명당에서만 잘 자라는 식물이 있을까? 이제 그 식물을 발견하기까지의 여정을 이야기해 보려 한다.

직장을 다니면서 누구나 그렇겠지만 스트레스에 시달렸다. 나이가 들면서 몸에도 적신호가 왔다. 고혈압이 먼저 왔다. 체중 조절도 해야 했다. 늘 자연에 죄짓는 마음을 갖게 하던 골프는 결국 때려치웠다. 그러자 운동량이 부족해졌다. 이 모든 문제를 해결하는 나만의 방법은 걷기였다. 동네에서부터 산책을 시작했다. 산책이 풍수 놀이이자 명당의 지표식물을 찾는 긴 여정의 첫걸음이었다.

산책을 시작하자 꽃이 피지 않으면 쳐다보지 않았던 나무들이 보였다. 다 벚나무인 줄 알았는데 2월 말에 벚꽃 같은 꽃이 핀 나무는 사실 매실나무였고, 3월 초중순에 매화 같던 꽃이 핀 나무는 살구나무였다. 벚꽃은 해마다 개화 시기가 조금씩 다르다. 그러나 살구꽃보다는 1∼2주 정도 늦게 피는 꽃이다. 빨리 핀 벚꽃과 늦게 핀 살구꽃이 동시에 보일 때도 간혹 있다.

매화와 살구꽃, 벚꽃을 구분하기는 어렵다. 꽃들을 가까이서 자세히 보아야 구분법을 익힐 수 있었다. 비슷한 꽃을 구별하는 것이 뭐가 중요하냐고 할 수 있다. 나는 지구에서 그들과 공존하는 하나의 생명체로서 그들을 알아봐 주는 것이 나의 봄을 예쁘게 꾸며 준 나무들에 대한 예의라고 생각했다. 나 역시 똑같은 오류를 범했지만, 살구꽃을 보며 벚꽃이 올해는 일찍 폈다고 감탄하는 사람들을 보면 괜히 벚꽃으로 오인된 그 살구꽃에 미안했다.

익숙하지만 낯선 참나무

초봄이 지나면 꽃나무의 향연이 어느 정도 마무리되고 신록의 계절이 이어진다. 산책길에서 자주 만나는 나무 중의 하나가 참나무다. 풍수를 처음 공부하던 시절, 자연을 좀 더 알고 싶어서 농대 캠퍼스가 있던 수원까지 셔틀버스를 타고 가서 농업생태학 강의를 들었다. 교재는 경관생태학에 관한 책이었는데 풍수를 이해하기 위한 통찰력을 얻을 수 있었다.

공부하는 데 가장 힘들었던 것은 나무와 풀에 대한 학명이나 영문 이름이었다. 이름이 너무 낯설어서 그들을 실제로 마주쳤을 때 이름을 떠올릴 수가 없었다. 특히 참나무 이야기가 많이 나왔는데 제대로 아는 나무가 하나도 없었다. 총 여섯 가지인 신갈나무, 떡갈나무, 갈참나무, 졸참나무, 굴참나무, 상수리나무가 한반도에서 자란다. 도토리는 익숙하고 도토리묵도 좋아하지만, 이 여섯 가지의 참나무를 제대로 구별할 줄 몰랐다. 국내 삼림의 천이(遷移) 과정에서 극상림이 신갈나무 숲이라는 사실을 알고 있지만, 신갈나무가 어떻게 생겼는지 몰라서 답답했다. 굳이 식물에 관한 책이 아니더라도 떡갈나무나 상수리나무는 소설에도 많이 등장하는 식물인데 딱히 알아볼 기회가 없었다.

나는 풍수를 공부할 때 인류의 미래를 늘 절망적으로 생각했다. 환경은 점점 나빠지고 파괴될 것이며, 우리가 사는 도시는 공해로 가득 차서 도시 거주자의 수명이 크게 단축될 것이라고 생각했다. 그래서 나는 언제나 도시를 떠나 자연인으로 사는 꿈을 꾸었다. 그런데 도시에서도 자연을 풍부하게 느낄 수 있는 시대가 왔다. 무심코 지나친 우리 주변의 나무들을 알아볼 기회가 많아졌다. 놀라운 경험이었다. 나무를 자주 마주치게 된 나는 일전에 가지고 있던 염세주의를 버렸다.

내가 다녀 본 여러 장소 중에서 참나무 여섯 종 전부를 한 곳에서 볼 수 있는 장소는 수목원이 아니라 서울의 한복판에 있는 '여의도공원'이었다. 등잔 밑이 어둡다고, 한국의 금융중심지인 서울의 한복판에서 수목원에서도 한꺼번에 보기 힘든 참나무 종류 전체를 볼 수 있다. 기후위기를 이야기하고 있지만 환경을 대하는 인류의 태도는 그 어느 때보다 진지해졌다. 공원이나 산과 물이 있는 녹지, 수변 공간을 쓸모없는 땅으로 보는 사람은 없다.

우리나라 도시 생태 공원의 1호는 여의도 샛강생태공원이다. 명당의 지표식물이라는 인생의 과제를 풀 수 있었던 환경적 기반은 여의도공원과 여의도 샛강생태공원이다. 환경 가치에 대한 인식이 진보했다는 증거가 여의도의 생태 공원이라고 생각한다. 여의도공원에는 우리나라 땅에서 자라는 갖가지 나무들이 다 모여 있고, 나무마다 대부분 이름표가 붙어 있어 나무와 친해지기 좋은 도시공원이다.

여의도 샛강생태공원에는 지하철 공사로 생긴 지하수가 샛강으로 흘러서 늘 물이 맑다. 정교한 생태 복원 기술을 적용하여 시골 시냇가의 풍경을 그대로 재현했다. 그 결과 청둥오리나 물닭뿐 아니라 도심에서 보기 힘든 두루미나 왜가리 같은 철새들을 자주 볼 수 있다. 직접 보지 못했지만, 수달이나 뱀도 살고 있다고 한다. 자동차 배기가스 규제로 서울 공기가 맑아지고, 여의도공원의 생태를 몸으로 경험하면서 나의 환경 염세주의는 점차 희망으로 변화하기 시작했다. 이제 여의도에서도 잠깐이나마 자연인이 될 수 있다.

앞에서 이야기한 참나무 육 형제와도 여의도공원에서 쉽게 친해질 수 있다. 친절하게 나무마다 이름표를 달고 있어서 사계절 내내 육 형제들의 미묘하게 조금씩 다른 모습들을 관찰할 수 있다. 육 형제 간에 줄기 모양, 잎 모양, 도토리 모양이 모두 조금씩 다르다는 사실을 점차 알아차릴 수 있다. 여의도에서 참나무 공부를 하다 보니 신갈나무, 떡갈나무, 상수리나무는 상대적으로 흔하지만, 졸참나무나 굴참나무는 찾기 힘든 편이고, 갈참나무는 서울 종묘에 많이 있다는 것을 알게 되었다.

그림 7. 여의도 샛강생태공원 개천

추운 겨울에도 개천 위를 거니는 백로를 만났다.

신갈나무와 떡갈나무는 잎이 아주 크고 넓으며 잎자루가 없어서 다른 참나무에 비해 구별이 쉽다. 특히 야산에서 가장 흔하게 볼 수 있는 나무가 신갈나무다. 환경이 열악한 상황에서 상대적으로 잘 적응한 참나무다.

굴참나무는 코르크질이 두텁게 발달하는 특징을 갖고 있다. 강원도 깊은 산골에서 굴피집 지붕 만드는 데 사용된다. 굴참나무는 도토리나 나뭇잎의 모양을 볼 수 없는 겨울철에도 나무 기둥 줄기의 껍질만 보고도 알아볼 수 있다. 깊은 산이 아니라 여의도공원에서도 충분히 굴참나무의 디테일을 학습할 수 있다.

오래된 상수리나무도 코르크질이 잘 발달되어서 굴참나무와 헷갈린다. 자세히 보면 굴참나무보다는 상수리나무의 코르크질 발달이 덜하다. 상대적으로 굴참나무는 숲이 깊은 산지 지역에 자생한다. 상수리나무는 인가 주변이나 야산에서 흔히 자란다. 자라는 장소로도 얼추 구분할 수 있다. 나뭇잎이 밤나무 잎과 가장 많이 닮은 참나무로 마을 주변에 많이 심었다는 특징이 있다.

갈참나무는 신갈, 떡갈나무 잎과는 달리 잎자루가 뚜렷하게 있어서 구분이 쉽다. 또 갈참나무는 나무 기둥의 줄기가 세로로 조밀하게 주름지어 있어서 굴참나무나 상수리나무와 구분을 할 수 있다. 지금 살아 있는 갈참나무들은 다 고목이고 규모도 큰데, 명당 벨트 밖의 기심이 깊은

그림 8. 여의도 샛강생태공원에서 만난 왜가리

쇠물닭, 청둥오리, 원앙 등 여러 새를 볼 수 있어서 탐조의 세계가 열린다.

곳에 더 많이 분포한다는 느낌을 받았다.

종묘는 서울 도심에 있지만 문화재로 잘 보전되어 있다. 숲의 네트워크가 북한산에서부터 북악산, 종묘까지 형성되어 있고, 생육 환경이 좋아서 수령이 매우 많은 갈참나무들이 큰 숲을 이루고 있다. 갈참나무 고목 숲은 일반적인 야산에서는 볼 수 없는 보기 드문 풍경이다. 갈참나무는 현재의 참나무가 아니라 과거의 참나무가 아닌가 생각한다.

서울 도심에서 참나무 육 형제를 구분할 수 있게 되면서 서울이라는 도시가 성숙해질 수 있다는 가능성을 봤다. 성장과 효율만 강조하다가 이제 여유와 지속 가능성을 고민하는 도시가 될 수도 있겠다는 희망을 품어 본다. 살 만한 도시는 자연 친화적인 도시다. 일상 속의 주변 나무를 제대로 알아보는 것이 미래를 위한 문명으로 진화하는 첫걸음이다. 내가 태어나고 자라고 살고 죽어갈 이 땅을 같이 공유하고 같이 살아가는 나무나 풀은 생명을 나눈 친구, 지구 동창생이다. 우리는 친구라고 할 수 있는 주변의 자연에 의지해서 살아간다.

친한 친구의 이름을 모르면서 친구라 할 수 없다. 자연은 저만치 떨어져 있는 타자가 아니다. 확장된 나의 생명이다. 자연을 구성하는 가장 친근한 존재인 식물을 알아보고 이름을 아는 것은 환경을 존중하는 의미도 된다.

명당의 지표식물을 이야기하는 이유가 단지 명당을 쉽게 찾아내서 잘 먹고 잘살자는 뜻이 아니다. 우리와 같이 숨 쉬는 자연이라는 이웃에 대해 작은 예의라도 갖추면서 살자는 뜻이다. 풍수 놀이의 궁극적 목적도 환경과 친해지기다.

4

잡초 탐구 생활

들풀과 친해지기

바리톤 김동규의 〈10월의 어느 멋진 날에〉라는 노래를 좋아한다. 뉴에이지 밴드 시크릿 가든이 연주한 〈Serenade to Spring〉의 번안곡이다. 원래는 봄의 야상곡인데 가을 노래로 바꾼 것이 조금 특이해 보였다. 봄은 생명의 계절이고 가을은 조락의 계절인데 봄과 가을이 서로 맞바꾸어지는 감성인가 하는 의문이 생겼다.

잡초와 친해지면서 봄과 가을이 서로 통할 수 있다고 깨닫게 되었다. 우리가 도시에서 흔히 보는 들풀 중 대부분이 '해넘이 한해살이식물'이다. 봄이 오면 밥상에 봄의 정취를 돋우는 들풀이 있다. 바로 냉이다. 냉잇국을 싫어할 사람은 거의 없을 것이다. 보통 우리가 채소나 곡식으로 키우는 식물들은 봄에 파종해서 가을에 추수하고 겨울에 서리를 맞으면서 일생을 다하게 되는 한해살이식물이다. 그런데 해넘이 한해살이식물은 가을에 싹이 나고 겨울을 견뎌서 봄에 자라고 초여름에 씨앗을 날리고 죽는다. 냉이가 대표적인 해넘이 한해살이식물이다.

대부분 들풀을 모르는 사람들은 봄이 생명의 계절이라고 한다. 그런데 잡초에게는 가을이 새싹이 움트는 계절이다. 〈10월의 어느 멋진 날에〉는 냉이 같은 들풀과 잘 맞는 감성을 가진 노래다. 대부분의 나무에게 봄은 새 생명이 탄생하는 계절이 맞다. 그런데 잡초는 나무와의 햇볕 경쟁에서 살아남기 위해서 나뭇잎이 나기 전에 일생을 살아야 하는 운명이 있다. 냉이나 씀바귀, 고들빼기 등 많은 들풀이 가을에 새싹을 내고 겨울을 견딘다. 나무가 잎을 떨어뜨릴 때 나뭇가지 사이로 그들에게 내려오는 볕을 전략적으로 잘 활용해서 겨울을 견딜 수 있는 뿌리를 키운다. 봄에 냉잇국이 맛있는 것은 겨울을 견디고 찬란한 봄을 맞이한 고난을 뚫어 내는 냉이의 생존 전략이 있었던 까닭이다.

잡초를 하찮은 존재로 보는 경우가 많다. 잡초 중에 그나마 존중받는 잡초는 푸른 초원을 만드는 잔디 같은 식물이다. 잔디는 골프장에서도 관리받는 귀한 존재다. 그 외 잡초는 사람을 성가시게 하는 식물로 인식된다. 권력에 대항한다고 해서 민중을 민초(民草)라고 표현한다. 민초는 잡초로서 권력에 쉽게 굴복하지 않는 민중의 힘을 상징하기도 한다. '잡초 같은 삶'은 행복한 삶을 묘사할 때 쓰는 표현이 아니다. 바람이 셀 때 잠시 누울 수는 있지만 금방 다시 일어서는 풀은 저항을 상징하기도 한다. 사람들은 잡초의 끈질긴 생명력을 칭송하기도 한다. 그러나 결국 잡초는 그 끈질김 때문에 제초제의 희생물이 된다. 사람이 필요할 때 잠깐 주목하다가 금방 버려지는 대상이 잡초다.

잡초를 동정하자는 주장을 펴는 것은 아니다. 존재 그 자체보다 미화하려는 의도도 없다. 잡초와 친해지면 잡초를 꼭 제거해야 할 불필요한 존재로 보지 않을 수 있다. 생태 도시를 지향하는 구호가 많아지면서 여의도 샛강생태공원처럼 성공적인 자연녹지가 점차 늘고 있다. 그러나 여전히 기화요초(琪花瑤草)를 전시하는 차원에 머무는 가꾸기만 있고 진정한 생태 개념이 빠진 공원이 많다. 식물 분포 지도를 안내판으로 만들어 놓은 공원은 칭찬할 만하다. 안내판을 보면 어떤 식물인지 알 수 있어서 식물과 친해질 수 있기 때문이다. 그런데 얼마 지나지 않아 간판이 쓸모없게 되었다. 원래 전문가가 설계한 대로 식물들이 자라지 않았기 때문이다. 생육 환경이 맞지 않는데 구색을 갖추려고 억지로 심은 식물은 오래가지 못하고 모두 사라졌다.

주어진 환경에 알맞게 자라난 들풀들이 자연스럽게 어울려 안정된 생태 환경을 이룰 때 지속 가능한 숲이나 공원을 만들 수 있다. 도시를 벗어난 산에서만 자라는 식물을 도시공원에 전시하듯 심고, 들에서 잘 자라는 식물은 잡초라며 주기적으로 뽑아서는 지속 가능한 녹지나 숲을 이룰 수 없다. 산에서 자라는 식물도 들풀도 죽이는 방식이다. 원래 조경사가 계획한 대로 식물은 자라지 않는다. 풍토에 맞지 않는 식물을 보기 좋다고 심었기 때문이다.

그러니 식재 안내판대로 식물이 자랄 수 없다. 조경사가 원래 식재한 식물들은 곧 다 사라지고 들풀들이 그 자리를 차지한다. 들풀 때문에 식재 안내판은 무용지물이 된다. 도시 들풀들이 자리를 다 차지했음에도 조경사가 더 이상 들풀을 제거하지 않고 자연에 승복한다면 다행이다. 나중에 컬러풀한 안내판만 살짝 치우면 훌륭한 들풀 공원이 될 것이다.

잡초는 없다

보통 사람들이 풀의 이름을 잘 알기는 어렵다. 나처럼 시골 출신이라 토끼와 염소를 길러 본 추억이 있는 사람이라도 이름까지 아는 풀이 몇 없다. 도시에서 태어나고 자라서 살다가 죽는 요즘 세대에게 나무 이름이 아니라 풀 이름까지 학습을 강요하는 일은 일종의 괴롭힘이다. 국립수목원 식물도감을 보니 버섯을 빼고도 4000종이 넘는 식물 이름들이 있다. 나무에는 이름표를 붙여 놓기 때문에 편리하다. 도시 여기저기에서 제 마음대로 자라고 사라지는 잡초를 알아보기란 참 어렵다. 이름을 모르는 풀을 잡초라고 통칭한다.

　수만 년 이상의 오랜 시간을 이 땅에서 살아온 풀인데

종류가 많다고 그냥 잡초라고 부르는 것은 좀 미안하다. 그들은 늘 사람 곁에 있었다. 꽃은 작고, 화려하지 않다. 곡물과 채소가 자라는 데 방해된다고 늘 미움을 받는다. 지구에서 함께 살아가는 '친구'로서 한 번쯤은 관심을 가져도 좋지 않을까? 대부분 잡초는 이름을 가지고 있다. 우리가 그들의 이름을 모를 뿐이다. 지표식물을 찾기 위해서 땅을 내려다보며 걷다 보니 수많은 잡초가 눈에 들어왔다. 그들에게 친숙함을 느끼게 되면서, 더 정확히는 산책길에 우연찮게 발견한 잡초들이 궁금해지면서 지표식물에 대한 집착도 커졌다.

　최근 일본 식물학자 이나가키 히데히로(稻垣榮洋)가 쓴 『전략가, 잡초』라는 책을 읽었다. 잡초의 정의가 재밌었다. 잡초는 '바라지 않은 곳에서 자라는 식물'이다. 참 간단하면서도 핵심을 찌르고 있다. 인간이 길들이기 어려운 풀이라는 의미로 해석할 수 있다. 나약해 보이지만 사람의 바람대로 좌우할 수 없는 것이 들풀이다. 인간은 지속 가능한 환경을 꿈꾸면서도 한편으로는 환경을 통제하려고 한다. 잡초는 그런 인간을 겸손하게 만든다. 인간이 생태계에서 주요한 역할을 하는 것은 맞지만, 지구상 유일한 존재같이 행동해서는 곤란하다. 생태계 안에서는 모두가 조연이다. 주연이 많으면 생태계는 지속할 수 없다. 같은 책에서 내 마음에 정말 쏙 드는 문장을 발견했다. 잡초는 아직 제대로 된 쓰임새와 본질적인 중요성을 사람들이 찾지 못한 식물이라는 미국의 시인이자 사상가인 랠프 월도 에머슨(Ralph Waldo Emerson)의 말이다.

잡초의 가치를 어떻게 발견할 수 있을까? 사람들이 들풀에 관심을 가지는 이유는 크게 세 가지쯤이었다. 들나물로 식용하는 것에 관한 관심이 가장 크다. 앞에서 이야기한 냉이가 대표적인 식용 들풀이다. 두 번째 이유는 치료용이나 약재로서 사용하기 위해서다. 장인어른께서는 삼대를 이어 한약방을 하셨다. 약장에 '차전자(車前子)'라는 약재가 있었다. 이름이 특이해서 궁금했는데, 질경이

그림 9. 질경이
씨앗을 한방에서 약재로 쓴다. 근린공원에서 자주 보인다.

그림 10. 제비꽃
가녀린 보라색 꽃잎이 콘크리트 도시에 부드러운 생기를 더한다.

의 씨앗이었다. 늘 수레에 밟히며 자라기 때문에 차전초
라고 부른다고 했다. 질경이 씨앗을 '차전자'라 하고 약재
로 쓴다는 것을 알았다. 질경이는 수난을 이기고 사람에
게 약을 주는 들풀이다. 세 번째 이유는 들풀의 꽃이 예뻐
서다. 관상용으로 들풀을 심는 사람이 많아졌다. 근래에
제비꽃의 한 종류인 종지나물을 화단에서 많이 봤다. 종
지나물을 보면 외래종인데 번식력이 너무 강해서, 작고
연약하지만 봄철을 아름답게 수놓는 제비꽃의 이미지를
파괴하는 느낌이 든다. 제비꽃은 잎보다 꽃이 인상적인

그림 11. 길가의 제비꽃

종종 보도블록 틈새에 자란 제비꽃을 발견할 수 있다.

그림 12. 개밀

길가나 들에서 무리지어 자란다. 꽃대가 크게 휘어 바람에 흔들거린다.

반면 종지나물은 꽃보다 잎이 도드라져 보여서 나물이라
고 부르는데 개인적으로 너무 무성해서 부담스럽게 느껴
진다. 조경업자들이 상업적으로 많이 확산시킨 탓인지 화
단에 자주 보인다. 야생 제비꽃이 더 예쁘다. 곧 사람들이
정원에 종지나물 말고도 진짜 제비꽃을 심을 것이라고 기
대한다.

　동네 산책 중에 밀처럼 생긴 잡초를 발견했다. 국립수
목원 식물도감에 찾아보니, '개밀'이라고 한다. 보통 식물
의 이름에 '개'가 붙으면 고유종이 아니거나 인간에게 쓰
임받지 못하는 식물을 의미하는 경우가 많다. '혹시 우리
가 먹는 빵의 원료인 밀도 잡초였던 개밀에서 시작된 것

은 아닐까?' 하는 생각이 들었다. 곡식과 채소가 수십만 년 전에는 모두 잡초였을 것이기 때문이다. 어메니티의 정도를 나타내는 지표식물이 나타난다면 에머슨의 잡초에 대한 정의는 통찰력이 깊다고 또다시 주목받을 수 있지 않을까? 잡초에 대한 선입견을 버리고 친해져야 한다. 그러면 가치가 무궁한 식물이 보일 것이다.

강인한 잡초들

도시의 빈터 그 어디에서나 잘 자라는 식물이 민들레다. 노란 꽃과 하얀 풍선 모양의 꽃씨 때문에 모두에게 친숙하다. 보도블록이나 콘크리트 사이에 조그만 틈이라도 있으면 어김없이 자라나는 민들레의 생명력에 새삼 감탄하게 된다.

노란 꽃도 예쁘고, 씨방도 풍선처럼 귀엽게 생겨서 시나 동요에도 많이 등장한다. 하얀 토끼풀과 더불어 가장 사람들에게 사랑받는 잡초라고 할 수 있다. 지표식물을 찾는 여정에서 늘 다른 풀들과 비교되면서 많은 힌트를 준 고마운 식물이다.

민들레처럼 잎이 뿌리 근처에 모여서 나고, 땅 표면에 붙어서 둥글게 원을 그리며 방사상(放射狀)으로 퍼진 상

그림 13. 민들레
홀씨라고 흔히 잘못 부르는 하얀 꽃씨의 이미지로 알려져 있다. 사방으로 자란 로제트형 잎까지가 민들레다.

태를 로제트(rosette) 모양이라고 한다. 주로 땅에 붙어서 겨울을 보내는 식물들이 이런 모양으로 자란다. 이런 식으로 잎이 나는 모양을 전문적으로 공부하는 식물학자는 근생엽(根生葉), 모여나기형(型)으로 분류하고 있다. 여기서는 근생엽 대신 쉽게 단어의 의미를 파악할 수 있는 로제트형이라 부르기로 한다. 처음에 로제트형의 식물은 모두 민들레라고 생각했다. 그러다 산책 중에 민들레와 비슷한 로제트 모양이지만 조금은 다르게 생긴 식물을 자꾸 보기 시작했다. 뿌리뱅이라는 식물이었다. 도시 아파트 주변에도 많이 있고, 민들레만큼이나 흔한 풀이다. 평생 그 이름을 모르고 그냥 민들레로 알고 살았다.

내가 사는 아파트에서도 가장 개체 수가 많은 풀이 뿌리뱅이다. 한편 잡초에 관심을 두고 산책한 지난 6여 년간을 돌아보면, 들풀 중에서 가장 자주 볼 수 있었던 풀은 뿌리뱅이가 아니라 개망초였다.

물론 잔디 모양으로 생긴 강아지풀이나, 사초(莎草) 같

그림 14. 뿌리뱅이
잎이 민들레, 지칭개와 닮았다. 꽃대를
올리면 작고 노란 꽃이 모여 핀다.

그림 15. 개망초
들여다보면 볼수록 얇은 꽃잎과 샛노란 중심이 예쁘다. 모여 자라면 화사한 들판을 만든다.

은 볏과의 잡초들은 개망초보다 더 흔하다. 꽃까지 피워도 사람들은 눈길을 주지 않는다. 꽃이 너무 소박한 까닭이다. 그림 16의 풀이 '새포아풀'이다. 처음 듣는 이름이다. 우리 눈에 잘 구별되지 않는 볏과 식물을 제외하고 보면 개망초 군락이 도시의 빈 땅 대부분을 점령하고 있다.

　개망초는 5월과 6월 사이에 꽃을 피운다. 달걀프라이와 닮아서 계란 꽃으로 부른다. 국화꽃을 축소한 버전의 꽃이다. 자세히 보면 예쁘지만, 사람들의 사랑을 그다지 못 받는 풀이다. 망초가 농사를 망치는 풀이라고도 이야기한다. 어디서나 잘 자라는 개망초는 나의 관심 밖이다. 어떤 환경에서든 잘 자라는 식물은 그 자체로는 훌륭하겠지만 명당의 지표 역할은 할 수 없다.

물론 냉이나 노랑선씀바귀도 도시에서 아주 흔하다. 그런데 개체의 크기가 작아서 꽃이 피기 전에는 잘 눈에 띄지 않아 지표식물로서 지속적인 관찰이 어려웠다.

노랑선씀바귀는 보도블록 틈 사이나 양지바른 시멘트 벽체 아래 등 건조하고 뜨거운 극단적인 환경에서도 잘

그림 16. 새포아풀
길가나 화단 어디에서나 흔히 자란다. 개체의 크기가 작고, 모여 자라 옹기종기 귀여운 느낌이 난다.

그림 17. 노랑선씀바귀

아파트 공터, 화단 틈새는 노랑선씀바귀 세상이다. 꽃대와 꽃잎이 여려서 금방이라도 바람에 날아갈 것 같다.

적응한다. 현재 도시를 지배하고 있는 꽃이다. 비록 작은 풀이지만 그 생존력과 번식력에 감탄하게 된다. 국화과의 노란색 꽃도 정말 예쁘다. 식물도감에서는 노랑선씀바귀 꽃이 8월에서 10월에 핀다고 하는데 내가 관찰하기로는 3월부터 11월까지 내내 자라고 꽃을 피우는 풀이다. 노랑선씀바귀도 극단적인 환경에서 잘 자라다 보니 지표식물의 후보는 될 수 없었다.

다시 뽀리뱅이로 돌아가 보자. 뽀리뱅이의 가장 큰 특징은 앞에서 언급한 것처럼 잎이 나는 모양이 로제트형이다. 우리가 흔히 보는 무나 유채, 봄동 같은 채소류의 모습과 많이 닮았다. 그냥 풀이지만 혹시 채소인가 해서 돌아보게 되는 식물이다. 노랑선씀바귀나 민들레처럼 극단적인 도시 콘크리트 바닥 틈에서는 잘 자라지 못한다.

하지만 뽀리뱅이는 흙이 풍부한 곳이면, 양지바른 곳이든 건물 아래 그늘이든 어디든 자란다. 산책하면서 집 주변이나 도시공원에서 또는 야산 초입부나 들판에서 뽀리뱅이를 만나지 못한 경우는 거의 없었다. 뽀리뱅이는 대부분 어디에나 어느 때나 만날 수 있는 정말 가까이 있는 풀이다.

겨울에는 잎이 갈색으로 변한다. 주로 아파트 외벽이나 나무 아래, 차가운 바람을 피할 수 있는 자리에서 겨울을 견딘다. 앞에서 이야기한 가을을 봄처럼 사는 해넘이 한해살이식물의 특성을 가졌다. 가을에 싹을 틔우고 겨울을 견딘 후 찬란한 봄을 맞이한다. 3월, 4월 봄이 와서 기온이 오르기 시작하면 눈에 띄게 개체의 몸집이 커진다. 녹색 또는 연한 녹색으로 멀리서 보면 무의 잎처럼 보이는 잎이 무성하게 자라난다. 4월 말, 5월 초가 되면 꽃대가 올라오고 노란 꽃이 핀다.

뽀리뱅이꽃은 시간이 지나면서 점차 솜털 같은 꽃씨로

바뀐다. 그러면서 뽀리뱅이의 일생도 마무리되는 듯 보인다. 가을에 싹이 돋아서 겨울에 로제트형으로 땅에 붙어서 지내고 봄에 꽃대를 올려 일생을 다하는 식물로 알았다. 그런데 구청에서 환경미화를 한다고 씨방을 날리던 뽀리뱅이를 싹 베어 버렸는데도 뽀리뱅이는 7월에 금방 또 잎을 내고 꽃대를 올렸다. 나중에 알고 보니 뽀리뱅이는 광합성만 할 수 있으면, 살아 있는 동안 계속 꽃을 피우는 '반복생식 1년초'라고 한다. 주로 강인한 잡초가 번식하기 위해 1년 내내 생식 활동을 계속한다.

식물도감을 보면 뽀리뱅이가 시골의 마을이나 논밭 근처에서 자란다고 설명하고 있다. 사실은 도시에도 광범하게 분포하는 식물이다. 1년 동안 여러 번 반복하는 번식 전략이 도시의 황량함을 극복하고 번성하는 이유일 것이다. 뽀리뱅이의 이런 강인함 때문에 지표식물이 될 수 없다. 지기의 심도에 따라 민감하게 분포가 달라져야 지표식물이 될 수 있다. 지기의 심도와 상관없이 왕성하게 분포하는 뽀리뱅이도 개망초나 노랑선씀바귀처럼 명당의 지표식물로는 쓸 수 없는 들풀이었다.

명당에서만 자라는 지표식물을 알아보려면 먼저 명당이 어떤 땅인지 고민해 볼 필요가 있다. 실제로 그 식물이 어메니티가 좋은 땅에서 자란다면 어메니티가 좋은 땅인 명당은 대체 무엇인지 정의가 필요하다. 실체가 보이지 않는 어메니티를 해독하는 데에 풍수의 방법을 응용할 수 있다. 어메니티를 잘 이해하기 위해서라도 이제 우리는 풍수를 이해해야 할 때가 되었다. 산과 물의 물리적 실체를 수심과 같이 측정 가능한 기심(氣深)으로 객관화하는 방법이 있다. 명당을 데이터로서 다루어 풍수를 직접 손에 잡아 볼 수 있는 방법을 제안하려 한다.

5

도시 명당 찾기 놀이

놀이 준비

어메니티가 좋은 땅을 풍수를 통해서 어떻게 찾을 수 있을까? 풍수 분야의 많은 책들이 이미 명당을 설명하고 있다. 중국 고대의 풍수 경전을 해석하기도 하고, 좌청룡 우백호의 구조를 이야기하기도 하고, 금계포란형이니 하는 무슨 모양을 닮은 땅이 명당이라는 식의 긴 이야기를 여기서 반복하지는 않겠다. 최창조 선생님으로부터 약 10년간 배운 풍수를 통해 스스로 명당의 핵심 내용을 정리할 수 있었다. 그 내용을 체크리스트로 만들어 공유하려 한다. 명당을 찾는 나만의 노하우를 가감 없이 담았다.

명당을 판정하는 체크리스트

1. 유토피아의 구조를 가지고 있는가? 핵심 포인트는 외부와의 단절이다. 질병, 배고픔, 전쟁이라는 삼재를 막을 수 있는 분지 같은 땅을 말한다. 산이 명당 주변을 둥글게 잘 감싸고 있는지 확인한다.

2. 바람 갈무리가 좋은가? 회오리바람과 세찬 바람은 막고, 산들바람은 통과시킬 수 있는 지형 조건을 갖추었는지 확인한다.

3. 밴티지포인트를 확보했나? 밴티지포인트는 주변을 가장 잘 살필 수 있는 유리한 시점을 확보한 장소를 말한

다. 명당의 내부에서 안팎의 경치를 잘 볼 수 있는지 확인한다.

4. **자연재해에 안전한가?** 홍수나 산사태의 위험이 낮은지 확인한다.

5. **강이 산을 멈추게 했나?** 세로 방향으로 뻗어 있는 산을 강이 가로 방향으로 막아서는 모양인가 확인한다. 강이 산을 잘 멈추게 되면 산과 강 사이에 평평한 땅이 넓게 형성된다. 산의 멈춤과 함께 산과 강 사이에 넓은 들이 만들어져 있나 확인한다.

6. **주산이 명확한가?** 명당의 뒷산이 주산이다. 누가 보더라도 식별이 가능할 정도로 명당을 감싸고 있는 산이 뚜렷한가 확인한다. 뚜렷한 모양만을 보는 것이 아니라 명당을 잘 보호하고 있는지도 확인한다.

7. **따뜻한가?** 명당 안에 햇볕이 잘 들고 바람이 세차게 들이치지 않아서 명당 바깥보다 확실히 따뜻한지 확인한다.

8. **편안한가?** 산들이 부드럽게 감싸고 나무나 경치가 아름다워 마음이 안정될 수 있는 장소인지 확인한다.

9. **산과 강의 크기가 어울리나?** 산과 강, 명당의 크기가 쓰임새에 맞게 잘 어울리는지 확인한다. 여러 산줄기와 연결된 큰 산은 허브(hub) 산이다. 여러 지류를 둔 큰 강은 허브 강이다. 허브 산에서 갈라져 나온 지맥의 봉우리

는 스포크(spoke) 산이다. 작은 지천은 스포크 강이다. 허브 산은 허브 강과 짝을 맺고 스포크 산은 스포크 강과 짝을 맺는다. 그래야 어울림이 좋다.

명당에 대해 많은 논란이 있지만 정리해 보면 대략 아홉 가지 정도로 요약할 수 있다. 이 체크리스트를 가지고 명당 등급을 매겨 보는 풍수 놀이를 할 수 있다. 처음부터 복잡하면 놀이할 의욕이 없어진다. 아홉 가지도 복잡할 수 있어서 한 가지 포인트를 꼽아 보았다. 바로 지기의 깊이를 재는 것이다.

세 가지 기준으로 지기의 깊이를 평가한다.
  1. 기심이 얕은가?
  2. 기심이 적정한가?
  3. 기심이 깊은가?

실제로 나는 명당의 등급을 지기의 깊이로 평가하고 있다. 깊이가 적정하면 좋은 등급이 되고 깊이가 너무 얕거나 너무 깊으면 나쁜 등급이 된다. 최창조 선생님과 많은 답사와 대화 끝에 내린 결론이다. '지기의 심도'를 가늠하는 것이 땅을 아는 가장 기본적이고 궁극적인 방법임을 긴 세월 끝에 깨달았다. 공부할 때는 아홉 가지를 나누어서 명당을 분석하지만, 현장에 나가면 교범에 나오는 '구분 동작'이 의미가 없어진다. '연속 동작'으로 해야 한다. '약속 대련'은 의미가 없다. 실제로 싸워 보아야 한다. 이론보다는 현장감이 더 중요하다는 의미다. 태권도를 배우는 것이나 풍수나 다 똑같은 원리다. 답사 현장에 가면 자연재해의 위험, 기후의 따뜻함, 심리적인 편안함이라는 기준은 별개가 아니라 지기의 심도라는 통합된 느낌으로 다가온다.

수심과 기심

기심은 기의 깊이를 의미하고 그 깊이를 측정한 결과를 심도라고 한다. 기심은 지기의 심도를 줄인 말이다. 눈에 보이지 않는 지기의 심도를 재는 것은 쉽지 않다. 풍수의 지기는 수증기가 아니지만, 수증기를 모델로 하여 지기를 설명하는 경우가 많다. 산 위에서 수증기가 응결되어 물방울이 되면 구름이나 안개가 된다. 이 모습을 보고 풍수가들은 산이 지기를 토해 낸다고 표현한다. 여기서 힌트를 얻었다. 수증기는 기체여서 눈에 보이지 않는다. 다만 온도가 내려가서 작은 물방울로 바뀌면 눈으로 볼 수 있다. 대표적으로 수증기가 물방울로 변해서 눈에 보이는 것이 구름이다.

수증기의 두께는 알 수 없다. 그러나 구름의 두께는 알 수 있다. 높은 산과 깊은 물은 상대적으로 규모가 크고 두꺼운 구름을 만든다. 구름의 경우처럼 또한 높은 산과 깊은 물은 크고 센 지기를 만든다. 수증기의 두께는 알 수 없다. 그러나 구름의 두께로 짐작할 수 있다. 지기의 두께도 알 수 없다. 역시 구름의 두께로 짐작할 수 있다.

이와 같은 원리로 지기를 이해해 보자는 아이디어다. 풍수를 공부하면서 만든 나만의 방법이다. 보통 풍수 전문가들이 지기를 '깊다', '얕다', '세다', '약하다', '단단하다', '무르다'로 표현한다. '지기'를 '물'로 바꿔도 어색하지 않다. 사람은 공기를 마시고, 물고기는 물속에서 물을 마신다. 지기의 심도를 볼 때는 사람도 어항 속 물고기라고 생각하면 된다. 사람을 둘러싼 환경이 공기가 아니라 물이라고 상상하면 지기의 심도를 가늠하는 실마리가 열린다. 이것을 응용하면 바꿔도 어색하지 않다. 사람을 둘러싼 환경이 공기가 아니라 물이라고 상상하면 지기의 심도를 가늠하는 실마리가 열린다.

수심이 깊은 강은 위험하다. 그러나 큰 물고기를 잡을 수 있고, 수영을 할 수 있다. 수심이 얕은 강은 안전하다. 그러나 수영하기 어렵고, 큰 물고기가 드물고, 물이 쉽게 오염되는 단점이 있다. 지기의 심도가 너무 깊으면 경치도 좋고, 곰이나 산양, 멧돼지 같은 짐승들을 볼 수 있지만 사람의 생명을 위협하기도 한다. 또 지기의 심도가 너무 얕으면 어메니티가 부족해서 쾌적한 생활이 어렵다.

앞에서 물로 지기를 비유했다면 나무로도 비유해 볼 수 있다. 지기는 기후와 지형, 식생을 포함하는 여러 가지 자연적 요인들로 만들어진 하나의 시스템이 인간에게 영향을 주는 힘이다. 한마디로 자연의 영향력이라고 할 수 있다. 영향력을 계량적으로 파악하는 방식은 적용이 어렵다. 기후학, 지형학, 생태학 등 여러 학문 분야를 모두 섭렵해야만 하기 때문이다. 영향력을 나무로 상상하면 이해가 쉬워진다. 강과 산이 만나 각각의 크기나 거리 등이 서로 작용하여 눈에 보이지 않는 영향력을 만든다.

산과 강을 나무로 치환해 본다면 산과 강이 만든 영향력이 좋은 곳을 꽃으로 볼 수 있다. 꽃이 필 수 있는 자리는 나뭇가지 끝부분이다. 산이 크고 물이 깊은 곳은 기심이 깊어 나무로 치면 뿌리나 기둥 줄기 부위에 해당한다. 물론 기둥 줄기에도 꽃은 피지만 과일로 영글 수 없는 나쁜 위치다. 산과 물의 크기나 높낮이, 깊이 그리고 만남의 형태가 적당한 곳은 기둥 줄기에서 가지를 위로 더 뻗은 잔가지들에 비유될 수 있다. 그곳이 꽃의 자리다. 나무의 크기와 부위를 보는 것처럼 산과 강의 물리적 요소를 깊이로 치환하여 영향력의 크기를 가늠하기 쉽게 만든 개념이 기심이다.

명당 등급을 측정하는 AR 렌즈

실물 AR(augmented reality, 증강 현실) 렌즈를 개발했다
는 뜻은 아니다. 지기의 심도를 물의 깊이, 수심처럼 표현
해 주는 렌즈를 착용했다고 생각하고 풍수 놀이를 시작하
자는 말이다. 기심이 깊은가? 얕은가? 적정한가? 여기에
답하기 위해서는 감을 잡을 수 있는 기준이 필요하다.

수심 1미터에서 1.5미터 정도의 강이 수영이나 물놀이
할 때 적당하다는 생각을 해 보자. 이 정도의 수심을 적
정 수준으로 보는 느낌을 기억하고 감각을 키워 보자. '수
심이 어느 정도일까?' 하는 그 감을 빨리 터득해야 놀이를
재미있게 할 수 있다. 우리는 강이나 바닷가에 갔을 때 수
심 측정을 꼭 하지 않더라도 물 색깔을 보면 대략 수심을
가늠할 수 있다. 이런 직관적인 관찰법을 활용하면 기심
도 충분히 측정할 수 있다. 더불어 세 가지 요소를 확인한
다면 명당을 찾는 데 더 자신감을 가질 수 있다.

먼저 산을 보는 AR 렌즈가 있다고 상상해 보자. 산이
높으면 기심이 깊다. 일단 규칙으로 외워야 한다. 산은 어
메니티의 근원으로 필요한 존재다. 그러나 너무 큰 산은

자연재해의 원인이 되기도 한다. 너무 높은 산은 기가 세다. 기가 센 것을 기심의 깊이를 측정할 수 있게 수치로 치환했다.

해발고도 500미터를 기준으로 상, 중, 적정으로 기심을 나눌 수 있다. 기심은 등급에 따라 도수가 달라진다. 수심은 단위가 미터(m)인데 기심은 도를 쓰기로 한다. 적정 등급인 산의 기심은 10도 내외다. 중급인 산의 정상부 기심은 20도다. 표로 나타내면 표 1-1과 같다.

표 1-1. 산의 기심 등급

해발고도	기심 도수	기심 등급
500미터 이하	10도 내외	적정
500~1000미터	20도 이상	중
1000미터 이상	30도 이상	상

* 절대 수치가 아니라 해발고도와 기심 도수, 기심 등급의 상관관계를 나타낸 수치임.

다음은 강을 평가하는 AR 렌즈를 써 보자. 산과 같이 물도 깊을수록 기심이 깊어진다. 기심을 수심에서 유추했으니 깊은 수심은 깊은 기심과 바로 연결된다. 강폭이 넓어도 기심은 깊어진다. 자연재해의 위험이 클수록 기심이 깊다. 강이 산을 감싸는 모양에 따라 기심도 달라진다. 물도 어메니티를 제공하는 요소로 꼭 필요하다. 그러나 너무 규모가 거대한 강은 자연재해의 원인이 된다. 그래서 적정한 크기의 강을 더 선호하게 된다. 산을 둥글게 감싸고 산이 경사를 서서히 낮추는 모양이면 기심이 적정하다. 산을 깎고, 명당을 침식하는 강이면 기심도 중·상으로 깊어진다. 역시 표로 나타내면 표 1-2와 같다.

표 1-2. 강의 기심 등급

수심	침식 유무	기심 도수	기심 등급
수심 1.5미터 내외	없음	10도 내외	적정
수심 2미터 초과	땅만 침식	20도 이상	중
수심 5미터 초과	산, 땅 모두 침식	30도 이상	상

* 절대 수치가 아니라 수심과 침식 여부, 기심 도수와 기심 등급의 상관관계를 나타낸 수치임.

마지막으로 땅의 기심 등급은 명당 벨트의 폭이나 넓이, 산과 강과의 거리에 따라 달라진다. 땅의 평면 모양이 원형이나 정사각형 모양일 때 기심은 적정 등급이다. 모양이 기하학적으로 불안한 모양일 때 기심은 깊어진다. 땅의 특정 지점이 산이나 물에 너무 가까워도 너무 멀어도 기심은 깊어진다. 적정한 균형을 이루는 지점에서 적정 등급이 된다. 정리하면 표 1-3과 같다.

표 1-3. 땅의 기심 등급

모양	크기	산, 강과의 거리	바람의 세기	기심 도수	기심 등급
원형이나 정사각형	적정	적정	산들바람	10도 내외	적정
복잡한 모양	주변의 산과 강의 크기에 비해 작음	근접함	세찬 바람	20도 이상	중
불안한 모양	협소함	매우 가까움	회오리 바람	30도 이상	상

* 절대 수치가 아니라 땅의 모양, 크기, 산·강과의 거리, 바람의 세기와 기심 도수, 기심 등급의 상관관계를 나타낸 수치임.

표 1-4. 명당 종합 평가

명당 등급	명당의 기심 및 환경
1~3등급	산, 강, 땅의 기심이 적정 등급 서울의 경복궁, 창덕궁 등 완벽한 명당의 환경을 갖춘 곳
4~6등급	땅의 기심은 적정 등급이나 산과 강 중 어느 하나가 중급 또는 상급 농촌 마을이나 중소 도시 주택가 등 적정한 수준의 명당 조건을 갖춘 곳
7~9등급	땅의 기심이 중급이고 산과 강 중 하나가 상급 산사, 오지 마을, 대도시 공원 부근 등 재해의 위험이 어느 정도 있는 곳
10등급 이상	산, 강, 땅의 기심이 대부분 상급 땅의 면적이 매우 협소한 산간의 오지 마을이나 큰 강의 벼랑 끝부분

* 절대 수치는 아니고 명당 등급과 명당의 기심, 환경과의 상관관계를 나타낸 수치임.

세 가지 AR 렌즈를 끼면 눈에 보이지 않는 기가 물처럼 눈에 보이고 수심을 측정하듯 기심을 측정할 수 있게 된다. 30년 동안 풍수를 공부하면서 눈에 보이지 않는 지기를 보일 수 있도록 해 주는 팁을 이렇게나마 제공하는 풍수 전문가는 없었다. 나는 풍수에 대한 집착으로 결국 지기를 기심으로 평가하는 모델을 만들어 '돈오돈수(頓悟頓修, 깨우칠 대로 깨우쳐서 더 이상 깨달을 게 없는 경지)'에 이르렀다. 기가 세다는 것을 지기의 심도가 깊다는 표현으로 계량화하니 그때부터 지기의 이해가 쉬워졌다.

세 가지 AR 렌즈를 끼고 기심 등급 평가가 끝나면 대상이 된 장소의 종합적인 명당 등급을 산정할 수 있다. 산, 강, 땅의 기심 등급이 모두 적정이면 명당 등급은 1~3등급이 된다. 산, 강, 땅의 기심 등급이 모두 상급으로 깊으면 명당 등급은 10등급 이상이 된다. 10등급 이상은 기가 매우 센 곳으로 명당으로서는 부적합한 땅이다. 간단히 표로 정리하면 표 1-4와 같다.

말로는 좀 복잡하다. 표도 복잡하다. 명당의 사진을 보고 기심을 체크해 보자. AR 렌즈를 끼면 그림 18, 그림 19처럼 지기의 심도를 눈으로 바로 읽을 수 있다. 비록 상상이지만 말이다. 풍수 놀이를 계속 하다 보면 복잡하게 표를 짤 필요 없이 명당 등급을 직관적으로 말할 수 있는 때가 반드시 올 것이다.

명당 등급: 7등급

산의 기심: 22도, 중급

땅의 기심: 15도, 적정

강의 기심: 25도, 중급

그림 18. AR 렌즈로 명당 등급 매기기 1

명당 등급: 4등급

허브 산의 기심: 23도, 중급

땅의 기심: 8도, 적정

스포크 산의 기심: 6도, 적정

강의 기심: 7도, 적정

그림 19. AR 렌즈로 명당 등급 매기기 2

그림 18은 강이 둥글게 산을 감싸고, 산은 고도가 낮아 지기를 모으고 있다. 주변 산맥의 기나 강의 기가 강한 데 비해 땅의 규모가 작은 것이 흠이다. 안동의 하회마을과 비슷한 구조다. 결론적으로 바람의 세기가 걱정되는 곳이라 7등급 정도의 명당이다.

그림 19는 산간분지인데 허브 산에서 뻗어 나온 산줄기가 명당을 만들고 있다. 풍수에서는 이런 모양의 산을 가장 좋은 등급의 산으로 본다. 자연재해의 위험을 최소화할 수 있는 적정한 기 수준을 가진 산이다. 산과 강의 크기에 비해 전체 명당 벨트의 크기도 적당하다. 산간분지에서 볼 수 있는 최고 수준의 명당이다. 바람의 갈무리도 적정했다. 명당 4등급이라고 하면 서운할 정도로 괜찮은 곳이다. 이런 식으로 고수가 할 수 있는 지기 평가를 AR 렌즈는 간편하게 해 준다. 이제 최소한의 준비가 끝났다. 예제를 풀어 보자.

문제 1. 한강공원의 명당 등급은 어떻게 될까?

그림 20. 올림픽대로와 한강 사이에 있는 잠원한강공원

한강 종합 개발 사업으로 만들어진 공원인데 최근 인공 구조물을 걷어 내고 자연 친화적인 모습으로 변화하면서 공원을 찾는 이들이 많아졌다.

그림 21. 잠원한강공원 지도 (출처: 국토지리정보원)

잠원한강공원의 주산은 신사역 뒤편에 있는 수도산의 지맥 봉우리인데 한강공원까지 거리는 2.05킬로미터다.

풀이

산의 기심부터 확인해 보자. 신사역 뒤편 언덕이 주산이다. 지금은 학동공원이 있는 곳으로 해발고도가 50미터에 불과한 낮은 구릉이다. 10도 이하의 얕은 심도다. 산의 기심 등급은 적정이다.

강의 기심은 환경부에 따르면 수심이 3미터 내외다. 수심 2미터를 초과하므로 강의 기심 도수는 20도 이상이 된다. 그런데 강의 최고 수위를 보면 2022년 1월부터 2024년 6월 사이에도 8미터가 넘은 사례가 두세 번 발생했다. 따라서 강의 기심 등급은 5미터 초과로 해석하고 상급을 매겨야 한다.

다음은 땅의 기심을 보자. 땅의 모양은 가늘고 길어 정사각형과는 다소 차이가 있다. 명당의 크기는 적정하다고 볼 수 있다. 산의 크기를 고려할 때 산과의 거리는 약 2킬로미터로 조금 멀다. 가장 큰 문제는 기심 등급이 높은 강과 너무 가깝다는 점이다. 세찬 바람을 막을 수 없다. 이런 요인들을 고려하면 땅의 기심은 20도 이상으로 기심 등급은 중급에 해당한다. 요약하면 산은 적정, 강은 상급, 땅도 중급의 기심이다. 종합적으로 명당 등급을 평가해 보면 7~9등급에 해당한다.

심리적 기준으로는 올림픽대로의 소음과 자동차의 움직임 등은 등급을 낮추는 요인이다. 또 강한 바람이 불 수 있는 위험도 있다. 다만 남산, 북한산 등의 경치를 볼 수 있는 탁 트인 시야와 한강의 유유한 흐름은 가점을 받을 수 있는 요인이다.

이제 7~9등급의 범위에서 몇 등급을 줄 수 있을지 알아보자. 어메니티를 편안함과 밴티지포인트로 나눠 평가한다면, 편안함에서 감점, 밴티지포인트에서 가점을 받는다. 공원은 사람이 잠을 자는 장소가 아니라 휴식을 취하고 여가를 즐기는 장소이므로 밴티지포인트가 중요하다. 종합적으로 대략 7등급의 명당으로 평가할 수 있다.

이제 명당 등급 판정에 핵심적인 영향을 준 강의 기심 등급을 다시 살펴보자. 타당한 평가였을까? 한강은 한반

그림 22. 장마철 홍수로 침수된 한강공원
해가 갈수록 폭우가 잦아져 재해의 위험이 높아지고 있다.

도에서 가장 큰 허브 강이다. 한강공원은 허브 강에 연결된 수많은 지류 중 하나에 위치해 있다. 지형학 용어로 한강공원 같은 위치에 있는 땅을 범람원이라고 한다. 홍수가 나서 강물이 넘치면 강물이 실어 온 모래나 자갈, 흙이 쌓여서 만들어지는 땅이다. 언제든지 강물에 휩쓸릴 수 있는 땅이다. 사람들이 많이 드나드는 공원이라는 장소적

특성상 큰 강이 두려울 수밖에 없다. 그래서 강의 기심 등급이 상급이 되는 것은 합리적이다.

한강의 등급이 상급인데 강에 인접한 공원의 기심 등급은 왜 중급일까? 같이 상급이 되어야 하지 않을까? 한강공원이 완전히 잠기는 정도의 홍수는 거의 발생한 적이 없다. 주변 아파트의 주민들이 주거지가 침수될 위협을 느낀 것은 1984년 때 홍수였다. 100년 주기의 대홍수 정도가 발생해야 완전히 침수된다. 명당 등급 3등급 이내에

들 수 있는 서울 사대문 안 지역도 어느 정도 침수는 발생한다. 잠원지구는 강물이 땅을 깎는 지형이 아니라 상류에서 밀려 온 흙과 모래가 퇴적되는 곳이다. 안동 하회마을도 낙동강이라는 허브 강에 인접한 명당이지만 침식이 아니라 퇴적이 되는 땅이라 명당으로 평가되는 것이다.

또 하나의 근거로 식물 지표를 보고 판단했다. 서울에 보호수로 지정된 느티나무가 100여 그루 있다. 놀랍게도 그중 세 그루의 느티나무가 한강공원 옆 올림픽대로 상하행선 한가운데 있다. 나뭇잎의 색이 다른 나무에 비해 진한 갈색이라 손쉽게 찾을 수 있다. 상하행선 두 도로 사이의 빈 공간에 자리하고 있어서 운전 중에만 볼 수 있고 걸어서는 나무에 접근할 수 없다. 노거수 이야기를 길게 한 이유는 한강 변에 있다고 지기가 모두 나쁜 것은 아니라는 점을 이야기하려는 것이다. 노거수가 100여 년을 한곳에서 살아남았다는 것은 그곳의 지기가 자연재해로부터 안전한 곳임을 증명해 준 것으로 이해할 수 있다. 어메니티 측면에서도 한강공원은 매력 있는 곳이다. 7등급이면 명당으로서 중간 이하지만 소중한 명당이다. 강변의 명당은 지리, 생리, 인심, 산수, 편안함 등 어메니티의 모든 측면에서 뛰어난 장소다. 주말이면 많은 사람들이 이곳으로 와서 편안한 하루를 보낸다.

문제 2. 남산 근처의 후암동과 신당동의 명당 등급은 어떻게 될까?

그림 23. 우면산에서 바라본 남산
부드러운 능선을 가진 앞의 산이 남산이고, 암반이 드러난 뒤편의 산이 북한산 이다.

그림 24. 남산을 사이에 둔 후암동과 신당동 (출처: 국토지리정보원)
후암동의 땅은 원형에 가깝고 신당동의 땅은 길쭉한 타원형이다.

풀이

남산의 기심을 확인해 보자. 산 높이는 265미터로 500미터 이하이므로 기심 도수는 10도 내외에 해당한다. 남산의 기심 등급은 적정이다. 해발고도보다 더 중요한 것은 산의 기세다. 남산 뒤편에 병풍처럼 펼쳐진 북한산은 암반이 곳곳에 노출되어 강한 인상을 풍긴다. 남산은 높이가 나지막하고 두 개의 봉우리가 아주 부드러운 곡선을 이루고 있어 보는 사람의 마음을 편하게 한다. 예로부터 남산의 모양은 말안장과 닮았다고 하고, 서쪽 봉우리는 누에의 머리를 닮았다고 했다. 남산은 사람을 편안하게 해 주는 부드러운 모양 때문에 최고 수준의 기심 등급을 가진 산이다.

다음으로 남산이 만든 명당인 후암동과 신당동의 명당 등급을 평가해 보자. 먼저 후암동이다. 물의 기심 평가부터 해 보자. 남산을 가로막는 물은 위성 지도로 보면 한강이다. 하지만 김정호의 경조오부도를 보면 남산의 주맥을 멈춘 물은 한강이 아니라 만초천(蔓草川)이다. 만초천은 복개가 되어 현재 보이지 않는다. 대략 만초천의 위치는 서울역에서 원효대교로 연결되는 원효로라고 보면 된다. 한강을 남산의 짝이 되는 물로 본다면 기심이 깊어진다. 일단 만초천을 짝이 되는 물길로 보고 만초천의 기심을 평가하자. 후암동의 땅을 만든 하천은 만초천이 맞기

그림 25. 후암동에서 바라본 남산
남산에서 산줄기가 가파르게 내려가다가 사진을 찍은 지점에서 만초천 지류를
만나 완전히 평평한 땅이 만들어졌다.

때문에 눈에 보이지는 않지만 만초천을 기준으로 후암동
을 평가하는 것이 옳다. 기록을 보면 만초라는 덩굴식물
이 자라던 개천이라고 한다. 한강이나 중랑천에 비할 수
없는 작은 하천이다. 청계천 정도와 견줄 수 있을 것이다.

수심 1.5미터 이내의 적정 기심으로 평가한다.

땅의 기심 등급을 평가해 보자. 후암동 포인트는 남산의 가파른 급경사면을 거의 벗어난 곳에 있다. 땅의 모양이 완전한 원형은 아니지만 원형에 근사한 모양이다. 남산의 규모에 비해 땅의 넓이는 약간 작다. 주산인 남산과의 거리가 너무 가깝다. 다만 바람의 갈무리는 좋아 보인다. 표에 의해 땅의 기심 도수는 20도보다는 낮지만 10도는 넘는다. 기심 10도 내외에 해당하므로 땅의 기심 등급은 적정이다.

후암동 포인트의 명당 종합 평가를 해 보자. 산과 강, 땅 모두 적정 등급을 받았다. 표에서 산, 강, 땅의 기심이 모두 적정 등급이면 1~3등급에 해당한다. 산과의 거리가 가깝고 명당의 면적이 조금 좁은 것을 고려하면 명당 등급 3등급의 좋은 명당에 속한다. 한 가지 아쉬운 점은 만초천이 복개되어 사실상 물의 평가가 의미 없다는 점이다. 현재 기준으로 보면 강의 기심 등급을 적정으로 판단하기는 어렵다. 실질적인 명당 등급은 잘해야 5~6등급이라고 할 수 있을 것이다.

이제 지도에 표시된 신당동을 평가해 보자. 남산의 기심 등급을 다시 산정해야 한다. 후암동은 남산의 바른 방향에 자리한 곳이다. 반면 신당동은 남산의 바른 방향에 있다고 보기 어렵다. 산이 땅을 품고 있는 방향에 따라 산

그림 26. 금호동 뒷산에서 본 신당동과 남산
남산의 느낌이 용산에서 보는 것에 비해 많이 다른 분위기다. 능선의 기심이 깊고 산세도 험하다.

의 기심을 평가해야 한다. 산의 기심은 보는 방향에 따라 달라진다. 산의 바른 방향이 어디인가를 아는 것이 중요한데 이를 결정하는 것은 강이다. 산이 만든 물줄기 가운데 가장 규모가 큰 계곡과 하천이 있는 쪽을 산의 바른 방향이라고 한다. 바른 방향에 있는 명당이 더 크고 넓다. 김정호의 경조오부도를 보면 남산에서 뻗어 나온 물줄기 중 만초천이 가장 규모가 크다. 남산은 만초천이 흘러 나가는 남쪽이나 남서쪽으로 품을 열었다고 볼 수 있다. 그림 26에서 보면 남산의 느낌이 달라졌다. 해발고도는 바뀌지 않았지만 편안해 보이지는 않는다. 남산의 능선이 매우 가파르게 내려오는 모습이어서 그렇다. 전체적인 남산의 기심 등급은 적정이지만 신당동에서 본 남산의 부분적인 기심은 15~19도의 기심으로 적정등급치고는 좀 깊은 편으로 평가된다.

강의 기심을 평가해 보자. 뚜렷한 물길이 보이지 않는다. 경조오부도에도 하천 표시가 없다. 청계천과는 다소 거리가 있어서 짝이 되는 강으로 보기 어렵다. 6호선 버티고개역에서 약수역까지 구간과 나란히 흐르는 복개천을 강으로 보자. 남산 계곡 쪽에 가까이 붙어 있어 복개된 부분을 고려한다면 좁고 경사 급한 계곡물이 흐르는 도랑 정도로 볼 수 있다. 아마도 신당천의 상류로 보인다. 이곳에서는 물길이 제대로 형성되지 못했다. 물길이 만들어지지 않은 곳에서는 보통 계곡물이 급류를 이루어 주변 땅을 크게 침식한다. 비탈진 경사지에서는 수심은 얕다 해도 물살은 위협적일 수 있다. 강의 기심은 상급이다.

땅의 기심 등급을 매겨 보자. 명당 벨트가 산과 강 사이의 땅이라고 할 때 신당동 포인트는 명당 벨트가 아니라 산에 속하는 지역이라고 볼 수 있다. 땅이 매우 협소하고 모양도 원형이나 정방형이 아니라 골짜기를 따라 직선형이다. 밴티지포인트를 확보한 부분 외에는 기심의 도수를

그림 27. 남산에서 본 신당동 방향

남산에서 신라호텔 방향으로 가파른 경사로 산줄기가 연결되는데 배수가 인공적으로 관리되지 않으면 물에 의한 침식이 강하게 일어날 수 있는 곳이다.

30도 가까이 높이는 요인들만 있다. 땅의 기심은 중급이고, 도수는 25~29도로 평가할 수 있다.

종합적인 명당 등급을 매겨 보자. 산의 기심은 적정, 강의 기심은 상급, 땅의 기심은 상급에 가까운 중급이다. 땅의 기심이 중급이고, 산이나 강 중에 상급이 있으면 명당 등급은 7~9등급이 된다. 땅의 기심이 거의 상급에 가깝다는 점을 감안하면 9등급으로 평가하는 것이 타당하다.

지표식물로 명당을 찾는 상상

지금까지는 해발고도, 수심, 땅의 모양과 크기 등을 보고 명당 등급을 매기는 놀이를 해 보았다. 물리적 크기나 거리 말고 어메니티의 핵심 요소가 되는 생태적인 적합성 등으로 기심의 깊이를 측정할 수도 있다.

명당을 평가하는 체크리스트로 아홉 가지 조건을 제시했다. 이를 세 가지 조건으로 다시 말할 수 있다. 자연재해로부터 안전한 정도, 기후의 따뜻한 정도, 심리적으로 편안한 정도라는 기준이다. 이 세 조건을 충족하는 장소에만 자라는 식물이 있다면 어떨까? 명당을 판별하는 지표식물로 활용할 수 있다. 지표식물을 찾는 것은 물리적 환경 중심의 명당 등급을 어메니티 중심으로 교차 검증할 수 있게 해 주는 방법이다.

1~3등급의 명당에만 발견되는 식물이 있다면 정말 이상적일 것이다. 앞에서 이야기한 놀이 도구인 AR 렌즈도 다 필요가 없어진다. 늘 무심코 지나친 잡초가 지표식물이었다. 지칭개라는 잡초가 명당의 분포와 매우 근사한 분포를 보이고 있다. 지칭개만 찾으면 이제 쉽게 명당을 식별할 수 있다. 눈으로 볼 수 없어 결국 미신의 나락으로 추락한 풍수의 역사에 새로운 전기를 마련할 것으로 내심 흥분하고 있다. 나는 동네 산책을 하거나 둘레 길을 걸을

때 지칭개를 찾는 재미에 홀딱 빠져 있다.

명당 등급이 좋게 나온 곳에서는 여지없이 이 식물을 발견하게 되었다. 명당 평가 놀이는 적중률이 높을수록 큰 기쁨을 준다. 놀이하느라 산책에 몰입하게 되고 늘 아쉽게 산책이 끝난다. 이 재미를 혼자서만 누리지 말고 생각을 공유해 보자는 욕심이 생겼다.

한의사는 진맥을 통하여 환자의 상태를 파악한다. 지기를 진맥하는 방법은 지금까지 없었다. 그저 도사가 되기 위한 수련법만 있었다. 이제 지표식물로 지기를 진맥할 수 있다는 가능성을 기대하게 되었다. 나 혼자의 놀이로 끝난다면 아무것도 아닌 발견이다. 사람들이 다 같이 놀이에 참여한다면 누구든 쉽고 재미있게 명당을 찾을 수 있는 자생적 풍수의 발견이 될 것이다.

6

명당에서만 자라는 잡초

지칭개를 만나다

지표식물을 찾아다니면서 민들레와 뽀리뱅이에 조금 익숙해진다 싶더니 그들과 비슷한 모양의 잡초인데 또 다른 모습을 한 로제트형 식물이 눈에 보이기 시작했다. 여의도공원에서 민들레나 뽀리뱅이가 아닌 별개의 식물로 분명히 인식한 '지칭개'를 처음 만났다.

나는 식물에 대해 관심이 많은 편이었지만 제대로 아는 것은 없었다. 로제트형의 식물은 모두 냉이나 민들레로만 알았다. 멀리서 보면 민들레나 뽀리뱅이나 지칭개는 쉽게 구분할 수가 없다. 평소에 땅 표면을 덮고 있는 로제트형 식물들을 제대로 본 적이 없었기 때문에 눈에 보이는 로제트형 잡초는 모두 민들레라고 지레짐작했다. 냉이도 로제트형인 줄 알고 있었지만 크기가 민들레보다 훨씬 작아서 민들레와 냉이 정도는 구분할 줄 알았다.

아직 민들레도 보기 힘들었던 2020년 1월, 한겨울 여의도공원에서 지칭개를 보았다. 그때는 지칭개 사진을 촬영할 생각조차 없었다. 1월에 본 지칭개를 한 달 후 여의도공원에서 다시 보았다. 그때는 사진 촬영에 성공했다. 뭔가 민들레와는 다른 식물이란 것을 알고 호기심이 생겼다. 한겨울을 푸른 잎을 유지한 상태로 견딘다는 것은 보통의 강인함이 아니고는 불가능한 일이었다. 그때까지만 해도 해넘이 한해살이식물의 존재를 몰랐다. 가을에 싹이 나고 겨울에 뿌리를 내려 봄에 성장하고 초여름에 죽는 식물의 존재를 몰라서 나의 경이감은 과장되었다. 만약 알았다면 〈10월의 어느 멋진 날에〉의 감성이 살아나서 지칭개를 더 좋아했을지도 모르겠다.

평소라면 지나쳤을 잡초를 가까이 가서 자세히 보았다. '모야모(낯선 식물 사진을 게시하면 전문가가 식물의 이름을 알려 주는 애플리케이션)'가 도움을 주었다. 이 식물이 민들레가 아니라 지칭개라는 별개의 식물이란 것을 알게 되었다. 이때부터 여의도공원을 산책하면 참나무 숲으로 가지 않고 풀들이 자라는 양지바른 곳으로 가서 지칭개를 찾았다. 아쉽게도 지칭개는 찾기가 쉽지 않았다. 비슷한 풀이 보이면 지칭개라고 기뻐했는데, 그때마다 모야모는 그 식물이 지칭개가 아니라 뽀리뱅이라고 알려 주었다. 뽀리뱅이는 여의도공원 어디에서나 찾을 수 있었다. 지칭개와 뽀리뱅이 그리고 냉이까지 구별이 어려워 유튜브에서도 많은 들풀 전문가가 구분법을 소개하고 있다.

지칭개 잎은 뒷면에 흰 솜털이 있어서 앞뒤의 색이 완전히 다르다. 뽀리뱅이는 앞뒷면이 모두 같은 색으로 차이가 없다. 이때부터 나는 늘 로제트형 잎을 가진 식물을 만나면 민들레인지 지칭개인지 뽀리뱅이인지 구분하느라 시간 가는 줄 모르고 관찰하는 로제트형 식물 덕후가

그림 28. 지칭개 잎

겨울의 지칭개는 꽃대 없이 잎만 자라서 민들레, 뽀리뱅이와 구분이 힘들다. 잎의 뒷면을 확인했을 때 하얀 털이 있어 흰빛이 도는 연한 녹색이라면 그게 바로 지칭개다.

되었다.

추위를 이기는 대표적인 식물은 소나무나 사군자의 매화, 대나무 같은 나무들이다. 예로부터 수많은 시인과 묵객들이 겨울을 견디는 매화, 소나무, 대나무의 절개를 칭송했다. 지칭개는 그들처럼 나무도 아닌 연약한 들풀인데 겨울을 이기는 게 대단해 보였다. 로제트형의 지칭개 모양 자체도 아라비아의 기하학적 무늬처럼 규칙적이고 예뻤다.

지칭개 덕후가 되어 본격적으로 지칭개 찾기에 나섰다. 뽀리뱅이보다 희귀하니까 더 집착해서 찾고 싶었다. 지칭개의 특징 중 하나는 맛이 매우 쓰다는 것이다. 입에 쓴 것이 약이 된다는 선입견 때문인지 인터넷을 뒤지다 보니 한때 지칭개가 항암 효과가 있다는 설이 있었다고 한다. 몸에 좋다면 물불을 가리지 않는 사람들 때문인지 여의도공원에서 지칭개를 만나는 것이 매우 어렵다고 생각했다. 나중에 알고 보니 공원 관리를 위한 환경미화 작업으로 지칭개가 1순위로 제거된 것이었다.

2020년 2월 초에 전남 광양 옥룡사지를 답사했다. 풍수의 시조인 도선국사의 생을 오롯이 떠올릴 수 있는 곳으로 유명하다. 지금은 절터만 남았다. 도선국사는 이곳에서 말년을 보내고 생을 마쳤다. 여의도공원에서 찾기 힘들었던 지칭개를 이곳에서 만났다. 그때 어떤 막연한 깨달음이 왔다.

옥룡사지는 여의도와는 비교할 수 없을 정도로 따뜻하고 편안한 땅이었다. '이곳에 지칭개가 잘 자란다면 이 식물이 따뜻하고 편안한 땅의 특성을 잘 표현하는 지표식물이 아닐까?' 하는 생각이 스쳤다. 옥룡사지가 서울보다는 훨씬 더 따뜻하다. 여의도보다 지칭개가 많은 것은 어찌 보면 당연한 일이었다. 그런데 중간 경유지였던 하동군 악양면 최 참판댁 마을(드라마 촬영 세트장)에도 지칭

그림 29. 광양 옥룡사터

도선국사의 마지막 안식처로 알려진 곳이다. 오르는 길에는 신라시대 때 심은
동백나무가 가득 있어 동백나무숲을 보러 많이 찾는다.

개는 없었다. 평사리가 옥룡사지에 비해 더 추운 곳이라고 할 수도 없다. 두 장소가 경상남도와 전라남도로 나뉘지만, 직선거리로는 약 16킬로미터 정도로 매우 가까이 있다고 할 수 있다.

물론 지리산과 섬진강에 인접한 평사리가 기심이 더 깊다. 지리산처럼 큰 산은 허브 산이다. 섬진강도 많은 지류를 가진 허브 강이다. 최 참판댁이라는 드라마 〈토지〉의 촬영지는 큰 산과 강이 만난 자리에 터를 잡아 위치했다. 기심이 당연히 깊다. 반면 옥룡사지는 백계산이라는 스포크 산과 추산천이라는 스포크 강이 만난 위치에 있다. 산과 물의 조화가 좋은 곳이다. 기심이 평사리보다 더 좋다.

풍수를 공부하면서 처음 도선이라는 승려를 알게 되었다. 곧 그가 범상한 인물이 아님을 깨달았다. 도선은 중국 풍수를 단순히 전파한 것이 아니라 한반도에 고유한 풍수 사상을 새롭게 만든 인물이다. 그는 좋은 땅을 찾기만 하는 풍수를 정립한 것만이 아니라 흠결이 있는 땅을 좋은 땅으로 고쳐 쓰는 비보풍수를 정립했다. 자연재해나 적의 침입이 걱정되는 곳에 사찰을 지어 명당의 영역을 확장했다. 한국의 전통 풍수는 도선이 아니면 의미가 없을 정도로 그가 풍수에 끼친 영향은 절대적이다. 수많은 전국의 사찰 창건 설화를 보면 도선국사가 창건했다는 절이 대

그림 30. 전남 광양 옥룡면의 산천

도선이 마지막을 보낸 곳. 산수의 아름다움이 매우 뛰어나다.

부분이다. 전남 광양의 '옥룡면'은 도선의 호인 '옥룡자(玉龍子)'를 따서 지은 지명이다. 도선의 흔적은 전국에 많이 남아 있다. 서울 성동구에는 도선국사의 이름을 딴 도선동이 있다. 도선을 대표하는 지역으로는 전남 영암, 구례, 하동, 광양이 손에 꼽히는데 이 중에서는 전남 광양 옥룡면이 가장 의미가 깊다. 중국과 교류가 많았던 전남 영암 월출산 도갑사는 도선이 창건한 절이다. 도선이 중국으로부터 온 선종 계통의 승려에게 풍수를 배운 곳이 섬진강 하류의 사도리 마을이다. 영암이 도선국사가 출생한 지역이고 구례와 하동은 풍수를 직접 배운 장소로서 의미가 있다. 그러나 사도리는 전설로 떠도는 설에 불과하다. 도선이 말년에 광양 옥룡사에 살았다는 것은 역사적 사실이다. 그러니 영암, 구례, 하동, 광양 중에서 가장 도선과 직접적으로 연결된 지역은 광양이다.

위엄이 있으나 다정한 주변의 산들을 보면서 옥룡사는 전설 속의 장소가 아니라 틀림없이 도선이 인생의 마지막을 보낸 장소임을 땅의 느낌으로 짐작할 수 있었다.

지도로 볼 때는 옥룡사지가 산속에 있어서 기심이 깊어 보이지만 옥룡사지 주변은 부드러운 야산이 따뜻하고 부드럽게 유유히 흐르는 개천과 함께 200~300미터 내외의 명당 벨트를 이루고 있음을 눈으로 확인할 수 있다. 이곳에서 막연한 깨달음이 스쳤던 이유는 옥룡면의 땅이 너무 좋아서다. 기심 평가를 할 필요도 없이 옥룡사와 그 주변의 산천을 보면서 통일신라 이후 중국과는 다른 한반도 고유의 풍수를 펼쳤던 풍수의 대가 도선국사가 말년에 안기고 싶어 했던 땅인 만큼 명당 등급이 뛰어난 곳임을 알수 있었다. 명당 등급이 최고 수준인 곳에서 2월 초에 지칭개를 다수 만나다 보니 명당의 지표식물을 찾겠다는 오랜 바람이 이루어질 수 있겠다는 설렘을 느꼈다.

지칭개와 친해지기

『한국 식물 생태 보감 1』에 따르면 지칭개란 이름은 '즈츰개'라는 순우리말에서 유래했다고 한다. 이 이름에는 지칭개를 보고 약재가 되는 엉겅퀴인 줄 알고 다가갔다가 곧바로 아닌 줄 알고 주춤하고 멈춰 서는 뉘앙스가 들어 있다. 약재가 되는 엉겅퀴인 줄 알고 놀라서 멈췄는데 곧바로 아닌 줄 알고 '아니네' 하는 탄식하는 느낌이 있다고 한다. 즈츰이 주춤이 되고, 결국 지칭이 되었다는 이야기다.

책에서는 지칭개가 건조한 장소에는 살지 않는다고 했는데 나의 관찰 결과로는 습기가 많은 지역에 오히려 지칭개가 살지 않았다. 물론 수분이 없으면 식물들이 살 수 없다. 그렇다고 습기가 많은 땅을 좋아한다고 할 수 없다. 상대적으로 지칭개는 습기가 적은 곳을 좋아한다.

처음에 지칭개를 관찰하면서 무분별한 제거로 인해 결국은 멸종에 이르는 것 아닌가 하는 걱정을 했다. 그러나 용케 살아남은 지칭개가 날리는 씨앗의 양이 무지 많은 것을 보고 안심하기로 했다. 지칭개는 인간의 무관심과 냉대 속에서도 긴 세월을 이 땅에서 버텨 왔다. 그동안의 급속한 산업화와 도시화에도 불구하고 서울 도심에 많은 지칭개가 끈질기게 생명을 이어 가고 있다. 앞으로 친환경의 가치는 계속 높아질 것이다. 고비를 지났기 때문에 오히려 지칭개의 지속 생존 가능성은 더 높아질 것으로 생각한다.

이제 종합적으로 지칭개를 이해할 때가 되었다. 지칭개는 초가을인 8월 말, 9월 초쯤부터 지표에 붙어서 모습을 드러내기 시작한다. 10월, 11월이 되면 제법 많은 곳에서 로제트형 지칭개를 만날 수 있다. 지표에 붙어서 겨울을 나는데 겨울이 막바지에 이르는 2월과 3월 초에 가장 어려운 삶의 고비를 맞는다. 고비를 지나고 초봄이 되면 분포를 훨씬 넓힌다. 5월이 되면 꽃대를 올리고 5월 중순부터 꽃을 피우고 6월 초까지는 솜털 같은 씨앗을 날리고 난 후 꽃대는 말라 죽는다. 이후 장마를 거치면서 지칭개의 흔적은 시야에서 완전히 사라진다.

일부 도시 지역에 사는 지칭개는 잡초 제거가 본격화되는 5월에 무참히 베어진다. 용케 살아남은 지칭개는 씨앗을 퍼뜨리는 행운을 얻는다. 시골과 도시를 막론하고 7월부터 8월 말까지 지칭개는 일생을 마감하고 완전히 사라진다. 그 두 달 동안은 아쉽게도 지표식물의 역할을 수행할 수 없다. 다만 한 가지 위안이 있다면 6월부터 8월 말까지는 장마와 태풍, 무더위가 계속되고, 또 농촌에서는 결실의 계절을 앞둔 농번기라 한가하게 풍수 놀이를 하는 것이 시기적으로 부담이 될 수도 있다. 이 기간에 지칭개가 지표식물 역할을 할 수 없는 점이 큰 문제가 될 것 같지는 않다는 말이다.

지칭개는 해를 넘겨서 10개월 정도를 사는데, 햇수로는 2년을 사는 것처럼 보여서 그런지 지칭개와 같은 해넘이 한해살이풀을 2년생 풀로 소개하는 식물도감도 많다. 아직 들풀에 관한 연구는 체계적이지 못하다는 인상을 받게 되는 대목이다. 지칭개는 가을에 싹이 나기 때문에 새잎이 돋아난 초가을 지칭개가 가장 예쁘다. 사람들은 가을에 지는 낙엽을 보며 쓸쓸함에 젖는다. 지칭개처럼 가을에 일생을 시작하는 들풀이 있다는 사실이 많이 알려지면 겨울을 견디고 봄을 기다리는 일이 수월해질 수 있다는 생각이 든다. 이제 나무가 들풀에게 볕을 쬘 수 있게 배려하는 계절이 가을이라고 보아도 좋다. 가을은 조락의 계절이 아니라 배려의 계절이다.

절대적인 기준을 가지고 지칭개를 설명하기는 어렵다. 같은 시간대를 살아간다 해도 자라는 장소에 따라 지칭개의 상태는 아주 다르다. 도심 지칭개는 크기도 크고 튼실한 모양이지만 북한산 우이령에서 발견한 개체는 막 씨앗을 틔운 것처럼 연약해 보인다. 아무리 겨울을 견디는 월동형 식물이라 해도 겨울을 나는 동안 지칭개의 생사가 결정된다. 눈이 이불처럼 덮어 주는 지칭개는 동사를 피하기 쉽다. 겨울에 발견한 지칭개는 다행히 살아서 봄을 맞았다. 그러나 환경미화 작업으로 5월에 꽃을 피우지 못하고 제거되고 말았다.

가을에 막 싹을 틔운 지칭개는 명당의 지표식물이 될 수는 없다. 씨앗이 떨어진 곳에 수분과 볕이 있으면 대부분 발아하기 때문에 환경의 미묘한 차이가 이 시기에는 두드러지게 보이지 않는다. 혹독한 겨울을 지나면서 명당에 자란 지칭개는 살아남고 명당 밖에서 발아한 지칭개는 봄을 기약하지 못한다. 이 차이가 지표식물의 특성을 부여한다.

추위를 잘 견딘 지칭개는 건강한 모습이지만 추위에 한 번 얼었던 지칭개는 생존 자체가 불가능하다. 두 개체의 운명을 결정한 것은 기심이다. 거의 죽은 지칭개는 볕을 잘 받았으나 바람을 막아 주는 지형지물이 없어 한겨

그림 31. 지칭개 꽃
연한 보랏빛을 띠고 꽃송이가 작다.

울 바람에 완전히 노출된 위치에 있었다. 기심이 너무 깊은 곳에서 발아한 까닭에 생존이 불투명해졌다. 건강한 지칭개는 볕을 잘 받을 수 있으면서도 바람의 갈무리가 잘된 장소에서 자란 행운아였다.

4월의 지칭개는 살아남기 어려운 검증의 시간을 잘 이겨 낸 지칭개다. 꽃대를 올려 꽃피울 일만 남은 상태다. 로제트형으로 땅에 딱 붙어 있던 지칭개는 홑겹에서 여러 겹으로 쌓이면서 무성해진다. 몸집이 커지면서 본격적으로 지칭개가 사람들의 눈에 띄는 시기기도 하다. 이때부터 또 다른 시련이 시작된다. 농촌에서는 논밭 갈이를 하면서 농경지에 자리를 잘못 잡은 개체들이 사라진다. 도시에서도 사람들의 시선을 많이 받는 위치에 자리한 지칭개는 뿌리째 뽑힐 가능성이 커진다. 온전한 생을 마무리하기까지 매 순간 고비를 맞는다. 들풀은 고달프다.

4월의 고비를 넘기면 지칭개는 5월에 꽃대를 올리고 꽃피운다. 보라색이 참 예쁜 꽃이다. 평소에 잡초로 불리다가 꽃을 피우면 사람들이 본격적으로 관심을 가지기 시작한다. 이 시기에 꽃을 피우는 들풀의 색들이 대부분 흰색이나 노란색이다. 보라색 꽃을 피우는 들풀은 제비꽃과 엉겅퀴 정도다. 보라색 꽃이 드물어서 사랑받을 만한데 역설적으로 이 시기가 지칭개로서는 가장 위험한 시기다. 개체 크기나 꽃대의 크기에 비례해서 볼 때 꽃의 크기가 매우 작아서 자세히 보면 꽃이 펴서 예쁘지만 멀리서 보면 잘 보이지 않아 무성한 잡초 밭으로만 보이기 때문이다. 사람들은 잡초 제거를 시작한다.

'쑥대밭'이라는 표현은 들풀을 가장 혐오하는 뉘앙스를 풍긴다. 폐허를 의미하기 때문이다. 봄에 쑥은 냉이처럼 입맛을 돋우는 향기로운 들풀이다. 쑥은 여름이 되면 성장이 빨라져서 쑥의 꽃대인 쑥대를 올린다. 1미터가 훨씬 넘는 쑥대들이 가득한 모습을 쑥대밭이라고 한다. 사람들은 쑥대처럼 들풀의 키가 커지는 것을 싫어한다. 쑥대밭이 되었다고 생각하기 때문이다. 자기가 사는 장소가 쑥대밭으로 보이게 되는 것을 경계한다.

도심에서 자라는 대부분의 지칭개가 이때를 못 넘기고 사라진다. 이 시기를 잘 넘긴다면 도심에도 지칭개의 분포는 훨씬 넓어질 수 있을 것이다. 도심에서 풍수 놀이를 할 때 잘 살펴야 할 부분이다. 지칭개가 없다고 명당이 아니라고 평가하는 일이 섣부른 판단일 수 있다. 원래 당연히 있어야 하는 들풀인데 사람이 선택적으로 계속 제거해서 발을 붙이지 못했을 수도 있기 때문이다. 명당은 특별히 축복받은 땅이 아니다. 사람이 과거부터 거주한 곳이라면 명당일 가능성이 크다. 우리나라 전통 도시들은 모두 명당에 자리하고 있기 때문이다.

그림 32는 지칭개가 마침내 씨방을 만들고 씨를 바람에 날리는 모습이다. 아파트 뒤편의 바람 갈무리가 잘되는 녹지 공간에 잡초 제거 작업으로 풀들을 한 번 베고 지나갔던 곳에서 지칭개가 개망초 군락 사이에 숨어서 씨방을 만든 모습을 보았다. 살초 작업 후 개망초가 빠르게 자라면서 키가 자랐고 겨우 살아남은 지칭개가 그 틈에서 꽃을 피우고 씨방을 만드는 데까지 성공했다. 비바람에 꽃대가 쓰러진 상태에서 용케 씨방을 만들고 씨를 날리기도 한다.

환경미화도 중요한 일이다. 다만 들풀의 생태도 관찰할

그림 32. 지칭개 씨방

여러 개 모여 난 지칭개 꽃이 진 자리에 그대로 씨가 난 모습은 꼭 솜사탕 같다.

수 있도록 친환경적인 제초 방법이 나왔으면 한다. 지칭
개는 씨를 다 날리면 더 이상 무성하게 쑥대밭을 만들지
않고 조용히 말라서 사라진다. 도로변이나 아파트 내부
화단의 지칭개는 그렇다 해도 굳이 녹지 공간에 있는 지
칭개까지 무차별적으로 제거할 필요는 없지 않나 생각한
다. 하여간 9월에 세상에 나온 지칭개는 6월 말에 10개월
간의 치열했던 삶을 마친다.

본격적으로 지칭개를 찾아 나서다

같은 시간, 같은 장소를 살아가는 인연은 간단하지 않을
것이라 본다. 지구 동창생에 관심을 가져 보자는 가벼운
오지랖이 어느새 지표식물까지 와 버렸다. 가을을 봄처럼
사는 지칭개를 알게 되면서 겨울을 견딘 지칭개의 분포에
따라 땅의 성격을 알 수도 있다는 생각이 들었다. 처음 여
의도에서 만난 지칭개는 삶의 위안을 주는 동고동락의 들
풀이었다. 겨울을 애처롭게 견디는 지칭개를 보고 감정이
입이 되어서 동지애를 느끼는 정도였다. 도선의 체취가
남아 있는 옥룡사에서 지칭개를 만나면서 풍수와 본격적
으로 연결되기 시작했다.

　그해 서울에서 화엄사와 박경리의 소설 『토지』의 무

대인 평사리를 거쳐 옥룡사까지 오는 동안 답사는 즐거웠
다. 화엄사의 각황전은 경복궁 근정전 같은 느낌이었다.
그 유명한 화엄사의 홍매는 아쉽게도 꽃을 피우지 않은
상태였다. 평사리에서 입춘에 매화를 보고 화엄사 홍매의
아쉬움을 달랬다. 섬진강만큼 자연스러운 풍경을 지키고
있는 강이 드물어서 섬진강의 매력에 푹 빠지기도 했다.
여러 기쁨 중의 최고는 마음에 위안을 주던 지칭개에게서
지표식물의 가능성을 희미하게 느끼게 된 일이었다. 올해
입춘 즈음에 당시 답사 일행 중 한 분이 세상을 떠나고 말
았다. 여러모로 잊을 수 없는 깊은 인연들이다.

　서울로 돌아와서 나는 지칭개의 생태를 본격적으로 관
찰하기 시작했다. 지칭개를 발견하는 재미에서 한 걸음
더 나아가 지칭개의 분포를 파악하기 시작했다. 처음부터
난감했다. 지칭개라는 식물 자체가 낯설었다. 풍수 공부
를 하던 초기부터 들꽃에 관한 책을 많이 읽었기 때문에
들풀은 자신 있었다. 하지만 지표식물의 가능성을 따지는
데 필요한 체계적인 지식을 갖추기 힘들었다. 지칭개와
비슷한 보라색 꽃이 피는 엉겅퀴나 조뱅이에 관해서는 정
보가 있었다. 다만 깊이 있게 지칭개를 연구한 책들이 없
었다. 혹시 내가 빠뜨렸나 싶어서 과거에 수집한 책들을
다시 꺼내 보아도 지칭개를 다룬 책은 없었다.

　엉겅퀴는 어릴 때 고향 밭 주변에서 많이 본 기억이 난

그림 33. 조뱅이　　　　　　　　　그림 34. 뻐꾹채

다. 들풀에 관심을 가지면서 보니 엉겅퀴와 비슷한 들풀의 종류가 많았다. 엉겅퀴는 잎이 사납게 생겨서 지칭개와는 구별이 상대적으로 쉽다. 엉겅퀴보다 조뱅이가 지칭개와 꽃이 많이 닮았다. 처음 지칭개를 찾아다닐 때 지칭개꽃이라며 흥분했는데 알고 보니 조뱅이꽃이었다. 조뱅이는 잎 표면이 도라지처럼 매끈하고 잎 둘레가 작은 톱니 모양이다. 지칭개의 잎은 민들레, 무, 유채와 닮았다. 하여간 지칭개는 엉겅퀴나 조뱅이보다는 주목을 못 받는 들풀이다.

　뻐꾹채라는 들풀을 창경궁 자생식물학습장에서 처음 봤는데 엉겅퀴와 구별하기 어려웠다. 뻐꾹채는 잎끝에 가

그림 35. 엉겅퀴

그림 36. 지느러미엉겅퀴

시가 없고 엉겅퀴는 가시가 있다. 옛날에는 엉겅퀴를 쉽게 볼 수 있었지만 지금은 보기 어려워졌다. 토종 엉겅퀴가 항암효과가 있다는 설 때문에 사람들이 많이 캔 것이다. 그러나 토종 엉겅퀴는 아니라도 엉겅퀴를 볼 수는 있다. 도시에서 엉겅퀴를 만난다면 '지느러미엉겅퀴'라고 유럽에서 온 엉겅퀴일 가능성이 높다. 외래종은 토종 엉겅퀴처럼 정겨운 맛은 없지만 지느러미엉겅퀴도 꽃은 매우 예쁘다.

세계가 서로 교류하는 지구촌 시대, 사람과 물자가 서로 교류하다 보니 외래종이 많아지는 것은 피할 수 없다. 무조건적인 외래종 배격은 마땅하지 않다. 다만 외래종이 토종을 다 밀어내는 현상이 환경의 질도 나빠지는 것을 의미한다면 그런 식의 외래종 지배는 경계해야 할 일임에는 분명하다.

다시 지칭개로 돌아가자. 처음 지칭개를 봤을 때 다른 식물과의 차이점이 돋보였다. 뽀리뱅이나 개망초 등과 비교할 때 지칭개는 햇볕이 드는 곳이 아니면 자라지 않는다. 햇볕을 가리는 구조물이 있는 곳이면 지칭개는 없었다.

이런 지칭개의 특성은 11월~3월까지 기온이 상대적으로 낮아지는 시기에 특히 두드러졌다. 5월이 되어 기온이 많이 오르면 지칭개의 분포 지역이 조금 넓어지기도 했다. 그러나 5월에도 햇볕이 들지 않는 곳에서는 발견되지 않았다. 4년간 관찰한 결과 낮에 볕이 드는 시간을 여덟 시간으로 잡는다면 적어도 대여섯 시간 이상 볕을 받을 수 있는 장소에서 지칭개가 자랐다. 아침이나 저녁 무렵에 볕이 잠시 드는 그런 장소에서 뽀리뱅이나 개망초는 매우 흔하게 자랐지만 지칭개는 없었다.

명당의 세 가지 조건 중 따뜻한 장소를 만족하지 않으면 지칭개는 자라지 않는다. 지칭개를 발견하면 이제 나는 그 땅이 최소한 볕이 잘 드는 장소라고 보증할 수 있다. 다음의 두 아파트 단지를 비교하면 지칭개가 얼마나 햇볕에 민감한지 실감할 수 있다. 두 아파트는 서로 거리가 500미터 남짓 떨어져 있는데 각 아파트 뒤편 녹지의

그림 37. 지칭개가 많이 관찰되는 A아파트 단지

동과 동 사이의 간격이 넓어서 햇볕이 아파트 뒤편 녹지까지 깊게 잘 든다.

그림 38. 지칭개가 발견되지 않는 B아파트 단지

전형적인 성냥갑 모양의 아파트로 햇볕을 완전히 가려서 뒤편 녹지에 있는 키
큰 나무들만 햇볕을 받고 지표면까지는 햇볕이 잘 닿지 않는다.

지칭개 분포는 극단적으로 달랐다.

A와 B아파트는 같은 동네에 있는, 장소적 특징이 비슷한 아파트다. 그런데 지칭개는 A아파트 뒤편의 녹지에 많이 분포하고 있었다. B아파트 뒤편에서는 4년 동안 전혀 관찰된 바가 없다. 물론 B아파트 전면에 햇볕이 드는 장소에는 지칭개가 있었다.

지칭개 분포의 규칙성은 여의도 샛강생태공원에서도 여지없이 발견되었다. 고가도로나 교량 등 지형지물이 그늘을 만들어 햇볕이 지속적으로 차단되는 곳에는 지칭개가 없었다. 하지만 햇볕이 잘 들기만 하면 지칭개는 한겨울이라 해도 언제나 존재했다. 이런 규칙성은 2월이 지나고 3월이 되어 지칭개가 좀 더 많이 나타나는 때가 되면 더욱 잘 드러났다.

지칭개가 분포하는 곳에서 하늘을 바라봤다. 시야에 남향의 하늘이 얼마나 들어와야 지칭개가 자랄 수 있는지 보기 위해서였다. 지칭개가 자라는 곳에서 남향의 하늘을 쳐다봤을 때 시야에 대부분의 하늘이 들어왔다. 조금이라도 볕을 가리는 구조물이 있으면 지칭개는 자라지 못한다. 풍수에서도 명당의 양명한 기운을 평가할 때 시야의 대부분에 열린 하늘이 있어야 좋은 등급을 받는다.

도시에서 지칭개를 볼 때도 햇볕을 잘 받는 열린 하늘이 지칭개 분포에 중요한 요소라는 점을 짐작할 수 있었다. 명당 벨트의 분포가 훨씬 넓은 경북 북부의 산간분지 지역을 답사하면서 짐작이 아니라는 확신을 갖게 되었다.

지칭개는 햇볕이 잘 내리쬐는 양명한 분위기가 있는 곳에만 분포한다는 지표식물로서의 첫 번째 특징을 포착했다. 서울에서는 넓은 영역을 차지한 지칭개 군락을 찾기 어려웠다. 농촌의 전원 지역에서는 군락을 이룬 곳이 많이 보였다. 농촌 마을은 새로 개간된 땅이 아니면 대부분 명당 벨트 내에 자리한다. 그러니 마을 주변에 지칭개가 군락을 이루는 게 자연스럽다.

군락은 커뮤니티다. 한두 개체가 있는 것이 아니라 공동체를 이룬다는 의미다. 도시 지역에도 명당 벨트에는 지칭개가 군락을 이루고 있었을 것이다. 개발로 인한 교란으로 지기의 심도에 영향을 받으면서 해체되었다고 보는 것이 옳다. 앞에서 본 아파트 A, B 모두 지칭개가 군락을 이룬 명당이었을 텐데 햇볕을 받기 어려워진 B아파트에서 지칭개 군락이 해체된 것으로 추측한다.

지칭개가 가진 지표식물로서 두 번째 특징은 바람의 갈무리가 잘 된 땅에서만 자란다는 것이다. 회오리바람 같은 센바람은 막고, 시원하고 부드러운 산들바람은 부는 땅이 바람 갈무리가 좋은 곳의 특징이다. 자연재해에 안전한 곳이 명당의 첫 번째 기준이다. 실제 지칭개의 분포를 보니 자연재해 위험이 없고 따뜻한 곳은 모두 바람의 갈무리가 잘되는 공통점이 있었다. 경사가 급한 곳은 자연재해 위험이 크다. 물의 흐름이 급격해지는 급경사 지역은 바람도 세게 부딪힌다.

낮은 구릉이 명당을 잘 에워싸고 있는 유토피아의 구조를 가진 땅이 특히 바람 갈무리가 좋다. 산이 도넛 모양으로 둥글게 가운데의 땅을 잘 감싸 주면 센바람을 막아 온도를 따뜻하게 유지할 수 있다. 경사가 급한 산보다 경사가 완만한 산이 감싸 주어야 자연재해 위험도 줄어들고 센바람이 들이칠 위험도 낮아진다.

나무 그늘이 햇볕을 가리고 있어서 적정한 일조량이 부족해 보이는 곳에 지칭개가 자라 있는 것을 본 적이 있다. 물론 볕을 가린 이 나무는 다행히 잎이 넓은 활엽수가 아니라 볕이 잘 통과할 수 있는 소나무다. 볕을 받는 데 크게 지장이 있는 위치는 아니지만 지칭개의 분포를 결정하는 첫 번째 특징인 높은 일조량을 생각할 때 지칭개를 쉽게 볼 수 없을 장소다. 기대하지 않은 장소에서 지칭개를 만나다 보니 요모조모 원인을 파악해 봤다. 특정 시간에 나무 그늘이 생기지만 하루 전체의 일조 시간을 고려하면 일조량이 부족한 곳은 아니었다. 일조량이 조금 부족한 대신 다른 특징이 있었다. 바람 갈무리가 잘된 곳이었다. 그늘을 만든 나무들이 일종의 방풍림 같은 역할을 하고 있었다. 명당의 넓이는 좁았으나 주변 지형과 나무

그림 39. 김룡사 부근에서 촬영한 지칭개 군락

도시보다 햇볕이 풍부한 시골 전원적 분위기의 땅에 훨씬 더 밀도 높은 지칭개
군락이 분포하고 있었다.

들이 강풍을 막는 구조를 만들고 있었다. 여기서 지칭개 분포를 결정하는 두 번째 요인을 검증해 볼 수 있었다.

우리나라에 완전한 도넛 모양의 분지가 있다. 강원도 양구에 있는 해안분지다. 별명이 펀치볼(punch bowl)이다. 한국전쟁 때 미국 종군기자가 양구군 해안면의 지형을 과일화채 먹을 때 쓰는 펀치볼에 비유하면서 붙은 별명이다.

사실 평생 처음 펀치볼을 답사하기로 마음먹은 이유가 그래도 지칭개가 살고 있는지 확인하기 위해서였다. 지칭개가 바람의 갈무리에 민감하다는 것을 관찰하고 분지 지형의 전형인 곳에 가서 지칭개가 있는지 검증하고 싶었다. 지도로 볼 때는 1000미터 넘는 산들로 둘러싸여 있는 곳이라 기심이 설악산이나 지리산 수준으로 깊을 것처럼 느껴졌다. 분지로 들어가면 높은 산들이 주는 압박감으로 밀폐된 곳에 갇히는 느낌이 들 것이라고 생각했다. 지칭개가 있을 것 같지 않았다.

해안분지, 펀치볼은 겨울에 우리나라에서 가장 기온이 내려가는 전방 고지 중심에 있다. 극단적 겨울 추위에 세찬 회오리바람이 들이친다면 펀치볼에 지칭개가 살 수 없으리라 생각했다. 막상 실제 답사를 해 보니 물리적 해발 고도가 높은 산은 아주 멀리서 나를 지켜 주는 듯 실제로는 나지막하게 보였다. 시선에 부담되지 않을 정도로 낮

그림 40. 양구 해안분지와 지칭개

멀리 해안분지를 이루는 산들이 보이고 사진 앞쪽 긴 꽃대를 올린 풀들이 모두
지칭개다. 해안분지는 바람의 갈무리가 뛰어난 명당이었다.

아 보였다.

실제로 가까이서 주거지를 감싸는 산들은 낮은 야산이었다. 마치 서울 북촌이나 궁궐을 감싸는 부드럽고 나지막한 구릉들처럼 기심이 적정한 귀여운 산이었다. 하천의 크기나 땅의 넓이도 적정했다. 산들바람이 불고, 따뜻한 햇살은 행복한 기운을 몸으로 느끼게 했다. 시각적으로는 겹겹이 나를 감싸는 높고 낮은 산들이 부석사 안양루에서나 볼 수 있는 귀한 풍경을 선사했다. 편안하고 아름답고 행복을 느끼게 해 주는 땅이었다. 펀치볼에서 산들바람에 일렁이는 지칭개의 꽃대를 보면서 바람 갈무리가 지칭개의 분포를 결정하는 두 번째 특징이자 핵심 조건이라고 확신하게 되었다.

지칭개가 살아남는 법

지칭개를 관찰하다 보니 양지바른 곳이라고 무조건 지칭개가 자라는 것이 아니었다. 모든 식물은 햇볕을 좋아하기 때문이다. 지칭개가 뽀리뱅이나 개망초보다 좀 더 민감하다는 것뿐이지 햇볕을 따라 분포하는 것이 식물계에서 특별한 사건일 수 없다.

풍수를 좀 아는 사람이라면 잘 판별하는 것이 바람 갈

무리의 수준이다. 물론 강이 산의 흐름을 멈추게 하는 것이 바람의 갈무리보다 더 중요한 명당의 요소다. 그러나 명당에 모인 기운을 바람에 흩어지지 않게 보존하는 일도 중요하다. 체감할 수 있는 명당은 바람 관리를 통하여 얻어질 수 있다.

강과 산이 명당을 만드는 구조는 눈으로 확인할 수 있어서 풍수 초보자도 쉽게 학습할 수 있다. 몇 군데 명당을 답사해 보면 금방 감을 잡을 수 있다. 그런데 바람 갈무리는 바람이 눈에 보이지 않기 때문에 학습을 통하여 익히기가 어렵다. 사실 5장에서 명당 등급 평가를 제시한 것도 바람의 갈무리를 쉽게 이해시키려는 의도에서였다. 명당의 지표식물은 햇볕보다는 바람에 민감해야 한다. 그래야 막연한 감이 아니라 지표식물을 수단으로 확실하게 명당의 수준을 평가할 수 있게 된다.

양지바른 곳에서도 뽀리뱅이나 개망초는 빽빽하게 군락을 이루는 데 비해, 지칭개는 전혀 보이지 않은 적이 많았다. 햇볕 말고도 분포를 제한하는 다른 요인이 반드시 있을 것으로 추측했고, 바람의 흐름을 분석하게 되었다. 예를 들면 그림 41과 같은 장소가 양지바른 곳인데 유독 지칭개만 자라지 않는 전형적인 곳이다.

이 빈터의 왼쪽은 넓은 도로이고 도로는 남북으로 나 있다. 사진을 찍은 위치에서는 훨씬 더 큰 도로가 동서로

나 있다. 결국 이 빈터는 아파트 동이 있는 오른쪽을 제외하고 삼면이 바람에 노출되어 있다. 햇볕은 석양 외엔 잘 받을 수 있는 곳이다. 바람이 문제다. 넓은 도로가 교차하는 모서리에 이 빈터가 위치하다 보니 바람을 막아 줄 형편이 안 된다. 더구나 아파트가 오른쪽을 막고 있어서 아파트 외벽에 부딪힌 바람이 이 빈터에서 소용돌이를 일으킬 가능성이 높다.

고층 아파트 사이에 난 도로들은 훨씬 거친 바람이 부는 바람길이 된다. 겨울철 빌딩 숲 사이로 거센 바람이 불어 숨도 제대로 쉴 수 없던 적이 많다. 바람길이 장애물에 방해받으면 바람의 속도는 더 빨라진다. 소용돌이 바람, 와류를 만들 가능성도 커진다. 이렇게 되면 바람의 갈무리 수준도 나빠진다. 결론적으로 좁고 긴 공간은 바람이 센 곳이라 지칭개는 발을 못 붙였다고 해석할 수 있다.

개망초는 빽빽한데 지칭개는 없는 또 다른 곳은 고속도로 나들목(IC) 주변 공터다. 고속도로 나들목도 햇볕은 잘 드는데 바람의 갈무리가 어려운 전형적인 장소다. 넓은 도로 탓에 시야를 방해하는 구조물 없이 완전히 개방되었다. 열린 공간이 볕을 받기도 좋지만 바람도 막힐 것이 없으니 자유롭게 분다. 나들목에서 지칭개가 바람에 민감하다는 것을 재확인할 수 있었다.

더 많은 사례를 계속 찾아야 하겠지만, 지금까지 관찰

그림 41. 도로와 녹지가 나란한 곳
나무가 있지만 양지바른 빈터인데 개망초만 가득하다.

결과로는 바람이 세게 부는 곳에서 지칭개를 찾기는 어려
웠다. 경사가 가파른 곳에서도 지칭개는 발견하기 어려웠
다. 개망초나 뽀리뱅이에 비하면 확실히 지칭개는 경사도
에도 민감했다. 경사가 가파른 경사지도 바람이 직접 와
서 부딪히는 장소라 돌풍이 불 소지가 크다. 도대체 왜 바
람이 세게 부는 장소에는 지칭개가 없을까?

꽃대를 올린 지칭개의 전형적인 모습이 있다. 유독 쓰
러진 모습을 자주 보게 된다. 물론 쑥이나 개망초 같은 다
른 들풀들도 꽃대를 올리는 시기에 쓰러지는 일이 있다.
그래도 지칭개만큼 심하지는 않다. 왜 지칭개가 더 많이
쓰러질까? 이유를 쉽게 찾았다. 비슷한 모양을 한 로제트
형 들풀 중에 민들레나 뽀리뱅이에 비해 꽃대를 올렸을
때 지칭개가 가장 키가 크다. 그리고 꽃대의 굵기도 상대
적으로 더 굵다. 뽀리뱅이, 민들레, 지칭개 꽃대의 공통점
은 줄기 속이 텅 비어 있는 것이다. 줄기 속이 비어 있는
데, 꽃대의 키가 크고 줄기의 굵기가 더 굵으면 무슨 일이
생길까? 꽃대가 바람에 쉽게 쓰러진다.

민들레는 꽃대가 50센티미터 이상 올라가는 경우가 거
의 없다. 뽀리뱅이는 간혹 키가 아주 큰 경우가 있기는 하
지만 대략 눈대중으로 볼 때 대부분 지칭개 키의 70퍼센
트 정도 수준이다. 나의 관찰 결과 1미터 이상 자라는 뽀
리뱅이는 거의 없었다.

앞에서 설명한 바와 같이 뽀리뱅이와 지칭개는 봄이 되면서 비슷하게 로제트형 잎이 여러 겹으로 뻗어 무성해진다. 이 시기를 지나면서 꽃대를 올리는데 두 식물의 꽃대 키가 확연히 달라진다. 식물의 키를 일률적으로 이야기하기는 어렵다. 주변에 키가 큰 식물이 있으면 모든 식물이 햇볕 경쟁을 하느라 다 같이 키가 커지는 현상을 종종 본다. 물론 자주 볼 수 있는 광경은 아니다. 일반적으로 뽀리뱅이의 키는 30센티미터에서 70센티미터 범위에 대부분 해당한다. 반면 지칭개는 작게는 50센티미터에서 크게는 170센티미터 이상까지 키가 커진다. 확실히 지칭개의 키가 뽀리뱅이나 개망초보다는 더 크다. 키가 크면 좋을까?

뽀리뱅이는 주변 환경에 맞게 키 높이 전략을 잘 구사한다. 주변의 풀들에 비해 키가 도드라지게 커 보이는 경우는 거의 없다. 거기다 꽃도 작고 꽃대의 줄기도 매우 가늘다. 그러다 보니 탄력성이 좋아 바람에 저항하지 않고 바람을 유연하게 즐긴다. 줄기가 부드러우면 바람에 잠시 누울 수는 있어도 부러지지는 않는다. 그래서 바람에 쓰러진 뽀리뱅이를 본 적이 거의 없다. 반면 지칭개는 뽀리뱅이꽃보다 꽃의 크기도 크고 무게도 더 많이 나간다. 거기다 꽃대의 키도 크고 줄기도 굵어서 바람에 맞서 저항하다가 바람의 힘을 이기지 못하고 쉽게 부러진다. 적어도 바람에 대한 전략 면에서는 뽀리뱅이가 한 수 위다.

바람에 약한 지칭개의 큰 키가 서식지 분포를 제한하게 되었다고 본다. 개망초나 뽀리뱅이는 빽빽하게 자랄 수 있지만 지칭개는 못 자라는 곳이 허다한 것이다. 그래서 지칭개의 분포를 제한하는 조건이 바람이라는 것을 확신하게 되었다. 바람의 세기에 민감한 지칭개의 특성이 명당의 지표식물이 될 가능성을 결정적으로 높였다.

지칭개는 스스로 쓰러지거나 부러지기만 하는 것이 아니다. 앞에서 지칭개가 5월이 되면서 맞게 되는 시련을 이야기했다. 그 이야기를 조금 더 해 보려고 한다. 사람들은 자신들이 사는 마을이 쑥대밭이 되지 않도록 노력한다. 뽀리뱅이나 민들레는 키가 작아서 잡초 제거 작업의 대상이 되는 것을 잘도 피한다. 그러나 키가 큰 지칭개는 피할 수가 없다. 적어도 지칭개에게는 바람보다 사람이 도시에서 가장 큰 위협이다.

잡초는 원래 바라지 않는 곳에서 자라는 풀인데 5월이 되면 도시 사람들은 원하지 않는 장소에서 자라는 풀을 더 이상 용납하지 않는다. 그런데 도시의 들풀은 쑥대밭을 만들지 못한다. 산쑥이 쑥대밭을 만든다. 다른 들풀에 대한 오해를 풀기 위해서 산쑥에 관해 좀 더 알아보자.

산쑥은 씨앗을 날려서 번식하는 식물들과는 달리 땅속을 기는 뿌리로부터 싹이 나와 번식한다. 번식 속도나 성장하는 모습, 장소를 점령하는 밀도 등 전반적인 세력 면에서 산쑥은 단연코 압도적인 식물이다. 또 산쑥은 지칭개나 뽀리뱅이처럼 1년만 살다가 죽는 풀이 아니다. 여러 해를 사는 '다년생초본'이다. 산쑥이 시골 밭을 점령하면 큰일이다. 정말 쑥대밭, 폐허가 된다. 시골에서는 쑥대밭을 절대 허용해서는 안 되는 것이 맞다. 그런데 도심에서 산쑥은 그렇게 자랄 수 없다. 뿌리줄기들이 땅속을 기어서 퍼지려면 흙이 부드러워야 한다. 토질이 치밀하게 다져진 도시에서 산쑥이 자라지 못하는 이유다. 한강이나 하천변을 제외하고 도심에서 산쑥의 군락지를 본 적이 없다. 그래서 도심에서 쑥대밭은 만들어질 수가 없다.

도시 들풀들이 쑥대밭을 만들지 않는다면 쑥대밭의 나쁜 이미지 때문에 키 큰 꽃대를 가진 들풀을 불량스럽게 보는 편견은 고쳐져야 맞다. 키 큰 들풀에 대한 편견 때문에 가장 큰 피해를 보는 식물이 지칭개다. 제초기 톱날로 베는 수준을 넘어서 지칭개를 뿌리째 뽑고 있다.

장소를 관리하는 사람들이 잡초를 뿌리째 뽑아야 하는 이유가 있다. 산쑥처럼 뿌리로 번식하는 잡초를 발본색원하겠다는 의미다. 뿌리가 살아 있으면 금방 자라나는 복원력이 있다. 또 생명력이 강한 잡초에게 나타나는 특징이 있다. 『전략가, 잡초』에서는 잡초가 스스로 씨앗의 발아 시기를 결정한다고 한다. 사람들이 잡초를 없애면 바로 땅속의 씨앗이 알아차리고 발아한다고 한다. 씨앗은 땅 위에 햇볕이 비치면 발아하고, 그늘이 지면 계속 잠을 잔다고 한다. 놀라운 능력이다.

뿌리뱅이를 관찰하면서 알게 된 또 하나는 들풀의 끈질긴 생명력인 '반복생식 능력'이다. 초겨울에 서리가 내려서 죽을 때까지 여러 번 반복하여 꽃대를 올리고 씨를 날리는 식물을 '반복생식 일년초'라고 한다. 뿌리뱅이가 반복생식을 하는 대표적인 들풀이다. 뿌리뱅이는 지칭개보다는 훨씬 강인한 들풀이다. 유연한 키도 그렇지만 4월 말부터 꽃을 계속 피운다. 지칭개는 한 번 씨를 날리면 그것을 끝으로 사라진다. 뿌리뱅이는 서리가 내려 죽을 때까지 계속 꽃을 피운다. 이것이 반복생식 능력이다. 지칭개와 뿌리뱅이는 잎 모양도 비슷하고 겨울을 견디는 해넘이 한해살이풀이지만 생명력 면에서는 비교가 되지 않는다. 이 생명력이 지표식물의 여부를 정한다. 환경에 민감한 지칭개는 지표식물이 될 수 있다. 환경의 미묘한 차이를 분포로 드러내기 때문이다. 결론적으로 생각보다 연약한 지칭개를 뿌리째 뽑지는 마시라고 환경을 미화하시는 분들께 부탁드리고 싶다.

지칭개는 인간들에 의해 무자비하게 제거되지만, 8월 말 9월 초가 되면 떨어진 씨가 발아해서 다시 나타날 수 있다. 『전략가, 잡초』에 의하면 잡초는 베어지는 것이 오히려 지속적인 생존에 도움이 된다고 한다. 시골에서 농사짓는 분들은 잡초의 질긴 생존 본능을 너무나 잘 안다. 뽑아도 뽑아도 계속 자라는 잡초에 질려 버린 사람들이 농부들일 것이다. 지칭개는 상대적으로 제초제를 써야 할 만큼 농민들을 괴롭히지는 않는다고 한다. 산쑥이나 개망초보다는 아주 온순한 들풀이다.

『전략가, 잡초』라는 책을 읽으면서 이 책의 저자인 이나가키 히데히로 씨가 지칭개를 알았으면 전략가의 면모를 훨씬 잘 드러낼 수 있지 않았을까 생각했다. 이렇게 생각한 이유는 지칭개의 큰 키 감추기 전략 때문이다. 생존을 향한 열망은 앞에서 이야기한 '발아 시기 조절'보다는 지칭개의 큰 키 감추기에서 더 드라마틱하게 드러나기 때문이다.

확실하게 명당으로 분류되는 장소지만 지칭개를 발견할 수 없을 때 참 안타깝다. 지표식물이라면 당연히 있어야 하는 장소에 지칭개가 보이지 않았다. 실망도 잠시, 다른 식물 사이에서 숨어서 꽃대를 올리는 지칭개를 발견했다. 구청에서 아파트 단지 주변의 지칭개를 싹 베어 버렸을 때, 유일하게 살아남은 지칭개는 회양목이나 병꽃나무 등 키 작은 식물 속에 숨어서 꽃대를 올리고 있었다. 참 눈물겨운 모습이었다. 도심 아파트에서 늘 베어지고 수난을 당하면서도 그 장소가 명당임을 증명하는 지칭개가 존재할 수 있었던 것은 그들의 '숨기 전략' 때문이었다.

여의도공원에서 지칭개를 찾기 어려웠던 이유도 철저한 환경미화 작업 때문이었다. '생태공원'이라는 이름에 걸맞게 자연 친화적으로 관리된 덕분에 여의도 샛강생태공원에서는 비슷한 환경 조건이었음에도 꽃대를 올리고 주어진 수명을 다하는 지칭개가 많았다.

지칭개의 생존을 위한 눈물겨운 전략이 또 하나 있다. 줄기가 부러져서 쓰러진 지칭개에서 발견되는 현상이다. 꽃대가 꺾여 쓰러지면 그대로 시들어 죽지 않는다. 땅바닥에 꽃대가 누운 상태에서도 꽃을 다시 피워 낸다. 더 놀라운 점은 쓰러진 지칭개가 더 많은 꽃을 피운다는 점이다. 원래 꽃대가 수직으로 제대로 서 있으면 꽃대의 줄기 끝부분에 지칭개꽃들이 집중적으로 모여서 핀다. 빛을 받기 위해 해를 바라보기 때문이다. 그런데 꽃대가 쓰러지면 누운 상태에서 꽃대 끝뿐만 아니라 꽃대의 모든 부분에서 하늘을 향해 계속 꽃이 피어난다. 새로 피는 꽃들은 꽃대 중간에서 다시 갈라져 나온 꽃이다.

일단 꽃을 피우면 그 열악한 상태에서 온 힘을 다해 씨앗을 만들려는 지칭개의 노력은 정말 눈물겹다. 지칭개의 번식에 대한 의지는 정말 숙연했다.

명당의 지표식물 지칭개

지칭개는 민들레나 개망초, 뿌리뱅이보다 생명력이 약하다. 생명력이 약하다는 점을 공간적으로 표현하면 자라는 장소가 한정적인 들풀이라는 의미다. 장소에 예민한 지칭개가 땅의 미묘한 차이를 잘 드러내 준다. 눈에 보이지 않는 미묘한 차이를 지칭개가 분포를 통해 눈에 보이게 한다. 지표식물로서의 조건을 갖추었다고 볼 수 있다.

그런데 환경에 예민한 정도가 너무 심하면 지표식물이 아니라 희귀 식물이 된다. 지칭개는 개망초나 뿌리뱅이보다 예민할 뿐이지 그렇게 희귀하다거나 멸종 위기 식물로 보호되는 식물은 절대 아니다. 지표식물은 환경에 예민하지만 조건만 맞으면 잘 자라는 평범한 식물이어야 한다. 『한국 식물 생태 보감 1』에 보면 '터주식물'이라는 개념이 있다. 영어로 'ruderal plant'라고 하는데, 잔해를 뜻하는 라틴어 'rudus'에서 유래한 단어로 산불 같은 교란으로 인해 빈 땅이 생기면 먼저 이주해 오는 식물을 터주식물이라고 한다. 개망초, 뿌리뱅이가 대표적인 터주식물이다. 지칭개도 터주식물로 분류된다. 지칭개는 원래 좋아하는 정착지가 있어서 한곳에만 머무는 풀이 아니라 미묘한 기후 조건만 맞으면 새로운 빈 땅으로 침투하여 자라는 개척 정신을 지녔다. 땅의 기운만 맞으면 계속 확산하려는 성향을 보인다. 물론 새로운 땅을 차지하는 경쟁력 면에서는 개망초나 뿌리뱅이에 비해서 많이 떨어진다. 하지만 장소에 예민하면서 동시에 새로운 터를 계속 찾아 나서는 지칭개의 특성이 지표식물로서의 가능성을 더 높인다.

이제 지칭개의 생장 조건을 상세한 수치로 정리해 보자. 먼저 일조량에 관련된 부분이다. 하루에 볕을 받을 수 있는 시간으로 정리해 볼 수 있다. 계절에 따라 다르지만 대략 하루 열 시간 정도 볕을 받을 수 있다고 가정한다면 지칭개는 한낮을 포함해서 하루 여섯 시간은 볕을 받을 수 있는 장소를 선호한다. 온도는 겨울철에 섭씨 영하 10도보다 아래로는 내려가지 않아야 한다. 또 아스팔트나 보도블록 사이에서 자라는 모습은 볼 수 없었기 때문에 섭씨 40도 이상 고온에서는 자랄 수 없다고 판단한다.

바람을 측정하기는 쉽지 않다. 그러나 『기상과 건강』이라는 책에서는 13등급(beaufort wind force scale)으로 나눠 풍속을 측정하고 있다. 풍속이 초속 13.9미터를 넘으면 폭풍이다. 초속 17미터를 넘으면 태풍이다. 폭풍은 7등급이고 태풍은 8등급이다. 12등급까지 있는데 7등급 이상의 풍속이 있는 땅에 지칭개가 자라지 못한다. 몸으로 느끼는 풍향계가 정상 작동되는 사람이 느낄 수 있는 바람은 2등급부터다. 0이나 1등급 바람은 사람이 느낄 수 없는 바람이다. 사람이 가장 편안하게 느끼는 산들바람은

3등급이고 초속 3.4~5.4미터의 바람이다. 지칭개에게도 산들바람이 최적이라고 생각한다. 폭풍 바로 아래 단계인 6등급은 초속 10.8~13.8미터의 바람인데 우산을 쓰기 어려운 정도의 바람이다. 지칭개는 3~5등급까지는 문제가 없고, 6등급이나 7등급의 바람이 자주 부는 곳에서 자랄 수 없다고 판단한다. 한 달에 열 번 이내로 6~7등급으로 풍속이 제한되어야 하고 8등급 태풍 이상은 지칭개가 자라는 시기와 겹치지 않아서 고려할 필요가 없다.

사람에게 적당한 상대습도가 40퍼센트에서 60퍼센트 정도다. 지칭개도 사람과 비슷하게 겨울철에는 20퍼센트, 봄철에는 50퍼센트에서 자란다. 상대습도의 범위가 60퍼센트를 넘어가면 지칭개에게 좋지 않을 것이라고 본다. 한 달에 60퍼센트를 초과하는 습도는 10회 이내로 제한되는 것이 좋다.

땅속의 수분도 중요하다. 앞에서 나는 건조한 땅을 좋아한다고 보았는데, 다른 식물도감에서는 습한 환경을 좋아한다는 내용이 있어 혼선이 있었다. 『한국 식물 생태 보감 1』에 따르면 지칭개가 양지에 서식할 때 약습(弱濕) ~적습(適濕)이라고 되어 있다. 김종원 교수님의 견해를 반영하면 아마도 땅 표면은 말랐는데 땅속에 약간의 수분이 있는 상태일 테다. 생장 조건을 요약한 내용이 표 2에 정리되어 있다.

표 2. 지칭개의 생장 조건

항목	생장 가능 범위	비고
일조량	하루 여섯 시간 이상	오전 11시~오후 13시의 일조를 반드시 포함
온도	섭씨 영하 9도~영상 39도	–
풍속	풍속 등급 3~5등급 초속 10.7미터 이내	한 달에 6, 7등급 풍속이 10회 이내
상대습도	20~50퍼센트	한 달에 60퍼센트 초과 횟수가 10회 이내
수분	약습~적습	표면에 습기가 보이지 않는 상태 유지

*필자의 관찰을 바탕으로 임의로 작성한 내용임.

지칭개는 5장에서 본 명당의 종합 등급을 평가하는 데 큰 도움을 줄 수 있다. 일단 지칭개가 발견된다면 그 땅은 1~9등급 이내에 들 가능성을 가진다. 이 말은 역으로 표 2의 지칭개의 생장 조건이 결국 명당의 환경적 조건을 표현한 것이란 이야기다. 지금까지 명당을 신비의 영역으로 묘사하는 것을 당연하게 생각했다. 내가 아는 한 명당의 물리적 조건을 다룬 연구가 없었다. 아직은 가설적이지만 지칭개를 통하여 간단하게 명당의 분포를 그릴 수 있다면 신비의 영역은 합리의 영역으로 탈바꿈할 수 있을 것이

그림 42. 내파밸리 포도 농장

내파밸리는 나지막한 산들이 편안하게 내파강을 둘러싸고 있는 전형적인 명당이었으나, 지칭개는 없었다.

다. 지칭개를 발견하기 전, 합리적으로 설명할 수 있는 명당의 조건은 자연재해에 안전하고, 기후적으로 따뜻하며, 심리적으로 편안한 땅이라는 단 세 가지였다. 이제 명당은 지칭개가 살 수 있는 땅으로 간단히 설명할 수 있다.

지칭개가 전 세계에서 모두 발견되는 식물이라면 전 세계의 명당분포도를 그릴 수 있을 것이다. 만약 한반도에서만 자라는 식물이라면 한반도 이외 지역에서는 지표식물로 쓸 수가 없게 된다. 이런 분포의 제약도 지표식물로서의 큰 약점이 된다. 어느 곳에서나 지칭개가 자랄 수 있어야 세계적인 지표식물이 될 수 있다.

해외에서도 지칭개가 발견될 수 있을까 궁금했다. 미국의 샌프란시스코와 포도주로 유명한 내파밸리 지역을 답사할 때 열심히 지칭개를 찾아보았다. 민들레나 고들빼기, 뽀리뱅이와 비슷한 개민들레나 유채 등은 있었다. 이들은 모두 노란 꽃이 피는 식물이다.

일본 홋카이도, 유럽의 체코, 오스트리아, 독일, 스위스에서도 지칭개는 없었다. 미국 내파밸리의 경우처럼 씀바귀, 민들레, 뽀리뱅이 그리고 지느러미엉겅퀴 등의 식물들만 볼 수 있었다. 유일하게 개민들레는 모든 답사 지역에서 공통적으로 분포하고 있음을 확인했다. 개민들레는 서양금혼초로 부른다. 제주도에는 이미 널리 퍼져서 생태교란종으로 분류되고 있다.

그림 43. 제주 서귀포 지역의 지칭개

새롭게 개발된 관광시설이 밀집된 곳보다는 원래 마을이 있던 곳에서 쉽게 지칭개를 찾을 수 있었다.

지칭개가 분포하지 않으니 적어도 일본 홋카이도, 유럽 스위스 등의 나라와 미국 샌프란시스코 지역에서는 지칭개가 명당의 지표식물이 될 수 없다. 앞으로 더 확인해야 할 일이지만 유럽과 미국에서는 지칭개보다는 새로운 지표식물을 찾아야 한다. 나는 확인하지 못했지만, 일본에서는 분명히 지칭개가 분포한다고 한다.

국내에서는 서울, 경기도, 강원도, 충청도, 경상도, 전라도, 제주도 등 전국 곳곳을 답사했다. 제주도는 한반도 본토와는 좀 떨어진 섬이라 지칭개의 존재를 확신할 수 없었다. 하지만 제주도에도 명당에는 어김없이 지칭개가 자라고 있었다. 앞으로 풍수 놀이를 통하여 국내는 물론 해외 지칭개의 존재 여부를 확인할 수 있으면 좋겠다. 혼자서는 하기 어려운 일인데 함께 놀이하듯 하면 그리 어려운 일도 아닐 것이다.

지칭개는 세계적으로는 몰라도 적어도 한국에서는 지표식물이 될 수 있다고 생각한다. 제주도, 강화도를 포함한 전국의 명당 벨트 지역에서 지칭개를 찾을 수 있었다. 산림이 울창한 기심이 깊은 곳에서는 지칭개가 자라지 않는다. 명당 등급이 10등급 이하인 거친 땅에서는 자라지 않는다는 이야기다. 도시로 개발되기 용이한 야산과 연결된 낮고 평평한 구릉지대, 논밭이나 전원주택 부지로 안성맞춤인 곳에서 지칭개가 자란다. 명당 벨트에서는 여지

없이 지칭개를 발견하게 된다. 지칭개의 분포는 명당 벨트를 지도화할 수 있는 근거가 될 수도 있다는 희망이 커질 수밖에 없다.

7

지칭개 찾기 놀이

풍수를 놀이로 이끌어 줄 지칭개

이 책을 쓰기 전 주변 사람들에게 지칭개 이야기를 많이 했다. 그러다 보니 곳곳에서 지칭개를 발견했다는 사실을 나에게 알려 주는 분들이 많다. 이젠 직접 어떤 장소를 답사하지 않아도 그곳에서 지칭개가 발견되었다고 하면 땅의 특성을 대략적으로 상상할 수 있게 되었다. 눈을 감고 지칭개가 발견된 곳을 상상해 본다. 완만한 지형의 야산이 있고, 여유롭게 흐르는 하천이 있고, 그 주변에 바람을 잘 막아 주는 둔덕들이 있으며, 그 둔덕 안으로 따뜻하고 편안한 전원이 펼쳐진 광경을 그릴 수 있다. 도시의 어느 동네에서 지칭개가 있다는 이야기를 들으면 볕이 잘 들고, 주변 건물들의 배치 구조로 인해 강풍이 불지 않고, 배수가 좋아 건강한 토질을 가진 녹지가 있는 살기 좋은 곳일 거라고 기대하게 되었다.

지칭개를 알게 되면서 들풀은 아직 우리가 발견하지 못한 잠재된 가치가 많은 귀한 존재라는 점을 깨달았다. 그래서 들풀에 쓸모없는 잡초로 프레임을 씌우고, 이 땅의 원래 주인인 그들을 없애려 하는 행동들이 안타깝다. 원주인을 벤 자리에 출신지를 모르는 기화요초를 가꾸는 모습을 보면 참 마음이 아프다. 샤스타데이지가 예쁜 꽃이기는 하지만, 들풀들을 다 몰아낼 수 있는 위협적인 존재기도 하다. 들풀이나 식물에도 사대주의가 있어서는 곤란하다. 루드베키아나 금계국 등 외래종 들풀들을 다 뽑아 버리자는 말이 아니다. 세계화에 발맞춰 그들도 자라게 하고 지칭개, 뽀리뱅이도 마음껏 자랄 수 있게 해 주자는 이야기다. 물론 농촌의 농작물에 피해를 주면서까지 보호하자는 것은 아니다. 어차피 그냥 녹지로서 자연 생태계에 그 땅을 맡겨 둔 곳이라면 지나치게 세력을 확장하는 돼지풀 같은 생태 교란 종은 예외로 하더라도 들풀들의 성장을 자연스럽게 놓아두고 지켜보는 방법도 좋은 접근법이라고 생각한다.

들풀이 도시의 미관을 해친다고 생각한다면 그 미관을 판단하는 기준을 좀 더 생태적 관점으로 돌려 보자는 것이 나의 소박한 주장이다. 이제 지칭개를 찾아보자! 그들이 있다면 당신이 서 있는 그 땅은 아름다운 명당이 될 수 있다. 자 이제 문을 열고 밖으로 나가 보자. 민들레, 뽀리뱅이, 지칭개, 씀바귀, 고들빼기 등의 잡초, 아니 들풀을 보고 그들에게 애정을 준다면 당신은 그때부터 이 도시의 삶이 지루하지 않을 것이다. 왜냐하면 매일같이 다양한 들풀들이 당신에게 조용히 말을 걸어 줄 것이기 때문이다. 굳이 지칭개가 아니어도 좋다. 어차피 도시는 인위적으로 세운 계획하에 이미 인공적인 명당이 되었기 때문이다. 역설적이지만 명당의 지표식물을 찾을 필요가 없는

그림 44. 뿌리뱅이와 정원 가꾸기 1

잡초인 뿌리뱅이를 제거한 자리에 예쁜 서양 이름의 꽃들이 심어져서 보호되고 있다. 토박이 풀들을 잡초라며 박해하는 것이 옳은지 모르겠다.

그림 45. 뿌리뱅이와 정원 가꾸기 2

시간이 지나고 가을이 깊어지자 예쁜 수입 꽃은 버티지 못하고 사라지고 원래 주인인 뿌리뱅이가 다시 생명력을 뽐내고 있다.

곳이 도시다. 도시는 음양의 고유한 특성이 아주 미약해져 버린 공간이다.

그런데 단 하루라도 잡초가 존재할 수 없는 땅이라면 그 땅엔 사람도 살 수 없다. 지칭개는 없어도 되지만 모든 들풀이 사라지는 것은 재앙이다. 그러기에 우리의 삶이 계속되어도 좋다는 환경적인 보증을 들풀이 해 주고 있으니 우리는 이들에게 감사해야 한다. 지칭개가 없으면 명당만 사라지지만 모든 들풀이 없으면 모든 생명이 위험에 처할 것이다. 우리 인생이 적적하다면 밖으로 나가면 된다. 들풀이 자라고 꽃을 피우고 시들고 사라지는 것을 보며 심심할 틈이 없을 것이다. 우울해질 틈이 없을 것이다. 나는 이제 멀리 백두대간으로 굳이 답사를 가지 못해도 슬프지 않다. 아파트 문만 열고 나가면 많은 들풀이 나를 부르고 스스럼없이 나와 대화를 이어 준다.

그림 44는 뽀리뱅이를 뽑고 그 자리에 기화요초를 심어 놓은 현장이다. 사람들은 잡초라며 이 땅의 주인인 뽀리뱅이가 자라던 땅에 이름 모를 이국적인 꽃들을 심지만 결국 생명력 있는 뽀리뱅이가 스스로 자신의 땅을 되찾고 만다.

뽀리뱅이는 작고 노란 꽃을 피워 편견 없이 보면 정말 예쁜 꽃이다. 우리가 이제부터라도 뽀리뱅이의 생명을 다시금 의미 있게 바라볼 수 있다면 지금 우리가 맞고 있는

기후 위기라는 큰 문제도 결국은 해결될 수 있는 전환점
을 맞이할 거라고 나는 생각한다.

궁궐에서 찾은 지칭개

명당의 가장 전형적인 장소를 택하라면 모두 이의 없이
궁궐을 지목할 것이다. 한양을 도읍지로 정한 과정도 풍
수를 제외하면 설명이 어렵다. 신도시 한양에서 궁궐을
배치할 때 모두 풍수의 이론을 따랐다. 한양에서 가장 중
심에 있는 궁궐이 창덕궁이다. 경복궁이 있지만 270년간
폐허로 있었고 조선 왕실이 주로 거주했던 궁궐은 창덕
궁이었다. 북악산을 기준으로 보았을 때 그림 46에서 보
는 바와 같이 1번 능선보다는 2번 능선이 더 가운데 위치
하고 모양도 뛰어나다. 1번은 북악산의 왼쪽 끝부분으로
치우친 위치다. 2번은 북악산의 한가운데 위치에서 내려
온 능선이다. 2번 능선이 창덕궁의 주맥이다. 세종 때에
는 북악산 정상 대신 창덕궁 뒷산을 주산으로 다시 정해
야 한다는 대논쟁이 벌어지기도 했다.
　시각적인 아름다움과 몸으로 느끼는 편안함을 모두 갖
춘 최고 명당이 창덕궁이다. 북악산에서 나온 긴 산줄기
가 창덕궁의 명당 벨트로 들어온다. 낮은 구릉 형태로서

그림 46. 경복궁의 주산인 1번과 창덕궁의 주산인 2번

스포크 산은 허브 산보다 기심이 적정하여 주변 지역과 조화롭게 어울린다.

그림 47. 창덕궁의 주맥 끝에 위치한 대조전

부드럽게 낮아지는 산줄기 끝에 조선 시대의 왕 다섯 명이 승하한 창덕궁의 침
전이 있다.

주산에 해당하는 북악산과 창덕궁을 생동감 있게 잘 연결한다. 이 주맥은 나지막하게 형성되어 창덕궁을 명당으로 만든다. 창덕궁에서 핵심 포인트는 주산인 북악산에서 내려온 '스포크 산줄기'의 소중함을 이해하는 것이다. 작고 귀여운 산줄기가 훨씬 더 수준 높은 명당을 만든다는 감을 잡는 것이 핵심이다.

기심이 최적인 야트막한 스포크 산이 '후' 하고 기를 뿜는 곳에 침전이 있다. 지기가 가장 먼저 들어오는 곳에 왕과 왕비의 침실을 배치한 것이다. 스포크 산줄기가 양팔을 벌려서 침전인 대조전을 품고 있는 모습이다. 풍수에서는 어머니 품에 안긴 아기처럼 편안한 느낌을 주는 지형을 가장 높은 등급으로 평가한다. 이런 경우 바람 갈무리도 최고로 잘 이루어진다. 산들바람은 스포크 산줄기를 타고 불어 들어오지만, 회오리바람 같은 돌풍은 산줄기에 가로막힌다. 침전의 앞뜰은 고요하다. 남산의 자연적인 능선으로 밝은 볕이 한껏 들어오면서 인공적인 담장을 세워 외부의 시선을 차단하고 있다. 마음의 행복을 주는 장치들이다.

침전에서 기억해야 할 풍수의 포인트는 몸과 마음이 편안한 장소의 특징을 감으로 느껴 보는 것이다. 부드럽고 리듬감 있는 산줄기가 가까이 존재하지만 자연재해의 위험이 없고 늘 산들바람이 불어오는 곳에서 볕이 잘 드는 넓고 평평한 마당, 계절의 변화를 느낄 수 있는 풀과 나무, 시선을 방해하지 않지만 밖에서는 함부로 훔쳐볼 수 없는 담장과 스포크 산 줄기, 이들의 조화가 이루는 행복한 느낌을 마음에 새기는 것이다.

이렇게 기심 등급이 가장 뛰어난 창덕궁 대조전 부근에서 지칭개를 찾을 수 있을까? 여러 번 궁궐을 답사했지만 궁궐 관리가 너무 잘 된 탓에 지칭개를 발견하지 못했다. 생명력이 강한 뿌리뱅이나 개망초는 쉽게 궁궐에서도 발견된다. 유독 지칭개만 없는 이유를 문화재관리청의 관리 능력 탓으로만 돌릴 수 없었다. 최고의 명당이라 주장해 놓고 막상 지칭개는 없다고 하면 지표식물로서 지칭개는 설득력을 얻을 수 없다. 여러 번의 도전 끝에 드디어 창덕궁 대조전 부근에서 지칭개를 발견했다.

2023년 12월 30일 서울에는 42년 만의 폭설이 내렸다. 이후에는 날씨가 춥지 않아 쌓인 눈이 금세 녹았다. 2024년 1월 3일 창덕궁을 답사하러 나섰다. 창덕궁만 해도 북악산과 직접 연결되다 보니 눈이 사라진 도심과는 달리 궁궐 곳곳에 아직 눈이 쌓여 있었다. 지칭개를 찾을 가능성은 가을에 비해 훨씬 낮다. 겨울이라 잡초가 거의 말라 죽었고, 설사 살아 있다 해도 땅에 딱 붙어서 겨우 연명하고 있을 때라 상황이 비관적이었다. 다만 희박한 가능성은 있었다. 잡초가 없는 시기라면 오히려 잡초 제거 작업도 없을 것이었다. 지칭개는 가을에 발아해서 겨울을 견디는 잡초라 오히려 인간의 개입이 없다면 지칭개를 볼 확률도 있겠다 싶었다. 실낱같은 희망 속에 창덕궁 구석구석을 답사했다.

대조전에 연결된 경훈각은 대조전의 별실 같은 공간이다. 경훈(景薰)은 '볕의 향기'라는 뜻으로 볕이 향기롭게 느껴질 만큼 경치가 매우 아름다운 곳이라고 생각해 볼 수 있다. 겨울 추위에 몰골은 말이 아니지만 이 건물 앞에서 뚜렷하게 지칭개의 자태를 지닌 풀을 발견했다. 가장 기심 등급이 뛰어난 장소에서 가장 추운 때인 1월 초의 겨울을 견디고 있는 지칭개를 볼 수 있어서 너무 기뻤다. 명당의 지표식물이라고 이제는 더 자신 있게 주장할 수 있게 되었다.

다른 지역에서 본 지칭개보다는 확실히 개체 크기가 작았다. 잎의 모양이 로제트형이고, 뒷면이 흰 솜털로 되어 있는 것으로 보아 전형적인 지칭개가 맞았다. 혹한의 추위와 잡초 관리 작업이 아니었다면 큰 개체를 만날 수 있으리라는 생각이 들었다. 지칭개는 빠르면 8월 말부터 늦가을까지 발아한다. 궁궐의 잦은 잡초 제거 활동을 이겨 내고 씨앗을 날린 지칭개가 있었다. 꼭 궁궐 내부에서가 아니더라도 날아온 씨앗이 대조전에 정착하고 사람의 개입이 없는 틈에 재빨리 발아까지는 성공했다.

그림 48. 창덕궁 지칭개

비록 추위에 많이 마른 모습이지만 낙엽을 이불처럼 덮고 있어서 생명을 유지할
수 있었던 것으로 보인다.

그러나 추위와 눈에 시달린 지칭개는 몰골이 말이 아니다. 빨리 발아해서 어느 정도 크기를 확보해야 생존 가능성을 높일 수 있다. 먼저 발아한 안정된 개체는 이미 제거가 되고 12월에 발아한 개체가 겨우 살아남은 듯 보인다.

보통 우리는 따사로운 볕을 무심히 본다. 겨울이 되어야 얼마나 소중한 볕인지를 실감한다. 경훈각 앞 지칭개는 그 볕의 소중함을 온몸으로 보여 주고 있었다. 바람에도 얼마나 민감할 수밖에 없는지 잘 확인할 수 있었다. 대조전 외의 다른 장소에서는 지칭개를 볼 수 없었다. 바람이 너무 거세게 불었다. 창덕궁 전체가 명당 벨트에 들어 있는 곳이지만 바람을 재울 수 있는 곳은 넓지 않았다.

창덕궁에서 지칭개가 발견된 장소는 햇볕을 가장 잘 받을 수 있는 곳이다. 두 건물이 만나 'ㄱ' 자로 직각을 이룬 곳에 지칭개 여러 개체가 모여 있다. 이 위치는 햇볕은 조절하고 센바람은 잘 막아 줄 수 있는 곳이었다.

대조전 지칭개를 보면서 궁궐에서 지표식물을 찾는 풍수 놀이가 앞으로 쉽지 않을 것임을 짐작할 수 있었다. 가을과 봄에 집중적으로 궁궐을 답사했지만, 그때마다 지칭개를 확인하지 못하는 낭패감을 가지고 돌아와야 했다. 내년에도 겨울에 궁궐 답사를 하리라 마음먹게 된다.

하지만 창덕궁에서의 성과에 힘이 났다. 경복궁도 확

그림 49. 창덕궁 경훈각의 지칭개 발견 위치

경훈각 현판이 걸린 정면 건물과 직각으로 만나는 대조전 그 접점 아래의 공간
에 지칭개 대여섯 개체가 자라고 있었다.

인하기로 했다. 경복궁의 침전인 교태전과 강녕전에도 지칭개가 있을까 궁금해서 추가 답사를 했다. 경복궁에서는 지칭개라고 확실하게 주장할 수 있는 식물을 찾지 못했다. 창덕궁 대조전이 경복궁 교태전에 비해 훨씬 바람을 갈무리하기 좋다. 경복궁 교태전에는 전각을 감싸는 스포크 산의 부드러운 느낌이 없기 때문이다. 관람객도 창덕궁보다 많고 전면 개보수를 얼마 전까지 한 탓인지 지칭개를 볼 수 없었다.

다만 강녕전 구석에 겨우 바람을 피할 수 있는 곳에서 지칭개로 보이는 풀을 찾았다. 잎이 너무 작고 말라서 100퍼센트 지칭개라고 단정할 수는 없었다. 햇볕을 받기 좋고, 센바람을 피하기 좋은 절묘한 장소에서 지칭개 비슷한 풀을 찾았다.

북촌에서 찾은 지칭개

북촌은 궁궐을 제외하고 서울에서 풍수적으로 가장 핵심적인 명당이다. 주산인 북악산, 우백호인 인왕산, 좌청룡인 낙산 등 북한산에서 청계천을 향해 뻗은 구릉들이 평평하게 품을 벌린 곳이 종로구 일대다. 구릉들 사이가 모두 명당 벨트에 속하는데 그중에서도 가장 좋은 자리가

그림 50. 인왕산에서 본 북악산과 한양 명당

표시된 송현 능선 위로 창덕궁이 있다. 송현 능선과 창덕궁 사이가 북촌이다.

송현 능선 아래다.

송현 능선은 북악산에서 뻗어 내려 삼청공원을 거쳐 정독도서관으로 연결되는 산줄기다. 송현 능선은 경복궁보다도 명당 등급이 높아 보인다. 서쪽으로 기가 센 인왕산과 거리를 두고 있으며 동쪽으로 산줄기의 기가 뛰어난 창덕궁 뒷산이 잘 감싸고 있다. 앞쪽으로 남산이 보여 마음을 편하게 해 주는 곳이다. 조선 초기에 이곳은 경복궁의 지기 보호를 위해 그린벨트처럼 개발이 금지된 곳이었으나 왕족들이 풍수가 좋은 줄 알고 서로 다투어 이곳을 집터로 차지하려 했다.

현재 열린송현녹지광장은 조선의 개국공신인 정도전의 집터 뒤편 언덕에 있다. 송현녹지광장의 앞부분, 율곡로에 맞닿은 곳은 바람에 노출될 수 있어 기심이 깊다. 북악산 방향으로 조금 더 위로 올라가면 양명한 기운이나 따뜻한 느낌, 안정된 산들바람이 부는 영역이 뚜렷하게 확인된다. 종합적으로 송현광장은 명당 등급이 거의 1등급에 준하는 땅이다. 궁궐 같은 규모가 큰 시설이 들어오기에는 좁기는 하지만 마을이나 주택의 터로는 최고의 땅이다.

남산을 정면으로 봤을 때 송현광장 바로 왼쪽에 안국동이 있다. 세종이 막내아들에게 물려준 집이 이곳에 있다. 세종이 세상을 뜬 장소도 안국동 막내아들 집이었다.

그림 51. 남산에서 본 안국동 부근

1번이 송현 능선, 2번이 창덕궁 주맥, 3번이 낙산줄기다. 기심이 가장 좋은 산줄기는 2번이다.

바로 옛 풍문여고 터이자 지금의 서울공예박물관 자리다. 창덕궁을 제외하면 사실상 북촌에서 가장 기심이 좋은 곳은 노란 동그라미 부분인 안국동이다. 1번 능선과 2번 능선 품 안에 잘 자리 잡은 모습을 한눈에 볼 수가 있다. 풍수에서는 좌우 산줄기가 겹을 더할수록 명당의 기심이 좋아진다. 산들바람만 들어오고 회오리바람은 막는 땅은 이렇게 여러 산줄기가 명당을 겹겹이 에워쌀 때 만들어질 수 있다. 북악산의 가장 따뜻한 품이 이곳으로 열려 있어서 창덕궁을 제외하고는 북촌 일대에서 가장 좋은 명당이다. 당연히 명당 등급 1등급의 땅이다.

서울의 핵심에 자리한 북촌의 송현동과 안국동 풍문여고 터에도 지칭개가 있을까? 앞에서 최고 수준 명당인 1등급 또는 그에 준하는 명당이라고 평가했으니 여기서 지칭개를 발견하는 일은 당연하다. 그러나 궁궐은 아니지만 나름 관광객들이 많이 찾는 장소라 환경미화 활동이 왕성해서 1월 소한과 대한 절기 사이 한겨울에 지칭개를 발견할 자신이 없었다. 하지만 기심 적정 등급이 예상되는 곳에 가서 관찰을 시작하자 곧바로 겨울 지칭개를 발견할 수 있었다. 명당의 지표식물로서 지칭개의 입지를 단단히 해 준 답사였다.

송현동에서 발견한 지칭개는 개체는 컸으나 눈과 추위를 거치면서 얼었다가 녹은 지가 얼마 되지 않아 보였다.

그림 52. 송현동의 지칭개

창덕궁이나 경복궁의 지칭개와는 달리 크기도 크고 매우 건강하다.

그 근처에 또 하나 지칭개가 있었는데, 개체는 작았으나 주변 낙엽이 이불 역할을 해서 그런지 건강해 보였다. 송현녹지광장에서는 여러 개체를 발견할 수 있었다.

송현광장에서는 가장 북쪽인 곳에서 여러 개체의 지칭개를 발견했다. 송현광장 남쪽은 종로경찰서, 조계사 쪽이다. 율곡로가 있는 곳이라 바람의 갈무리가 별로다. 북쪽으로 갈수록 바람의 갈무리가 좋아진다. 이미 바람을 몸으로 확인하고 지칭개가 있을 것이라고 예측한 북쪽으로 갔다. 예상대로 그곳에 집중적으로 분포했다. 답사를 해 보면 지칭개의 분포와 기심의 품질은 과학적으로 상관관계를 갖는다는 것을 실감할 수 있다.

지칭개가 발견된 송현녹지광장 북쪽을 더 자세히 살펴보면 주변 건물들이 바람을 잘 막아 주는 양지바른 곳이다. 광장 곳곳에 눈이 있었지만, 지칭개가 발견된 곳에는 눈이 보이지 않았다. 따뜻하고 바람이 잠자는 곳이 기심이 가장 뛰어난 곳이다. 그런 곳에는 어김없이 지칭개가 자란다.

다음은 세종의 막내아들인 영응대군의 집터였던 풍문여고 옛터, 현재 서울공예박물관의 지칭개를 답사했다. 아쉽게도 풍문여고 운동장, 즉 안동별궁의 전각들이 있는 공간은 야외 작품이 전시되는 장소라서 그런지 식물들이 없는 사막같이 텅 비어 있었다. 햇볕 받기는 좋지만, 공간

그림 53. 송현녹지광장 북쪽의 지칭개 발견 위치
바람 갈무리가 부족한 광장 중앙부 남쪽에는 지칭개가 발견되지 않았다.

그림 54. 송현녹지광장 북쪽에서 가장 건강한 지칭개가 발견된 곳
햇볕이 좋고 바람의 갈무리가 잘되는 녹지광장 안쪽 부분에서 지칭개가 다수 발견되었다.

그림 55. 안국동 서울공예박물관의 지칭개 발견 위치
은행나무 고목 근처에 많은 개체의 지칭개가 있었다.

그림 56. 안국동의 지칭개

송현동의 지칭개에 비해 크기는 작았으나 추위에 노출이 덜 된 듯 훨씬 더 싱싱해 보였다.

이 완전히 열려 있어 바람이 강하게 불었다. 지칭개를 기대하기 어려운 장소였다.

명당의 기운이 변질된 것을 아쉬워하며 건물 뒤편으로 갔다. 뒤편으로 가 보니 400년 이상 된 은행나무 고목이 있었다. 노거수의 존재는 방학동 은행나무처럼 지기의 안정성을 증명하고 있었다. 혹시나 해서 그 공간을 살폈다. 기대를 저버리지 않고 여러 개체의 지칭개가 발견되었다. 1등급 명당의 땅에서 지칭개를 발견하는 것은 너무도 당연한 일이었다. 풍수 놀이가 즐거워졌다.

은행나무 주변에 여러 개체의 지칭개가 자라고 있다. 햇볕이 잘 내리는 장소다. 건물들이 새롭게 들어서면서 이곳의 기운이 흩어졌을 수도 있다. 바람의 갈무리 정도가 불안해질 수도 있겠다 싶었다. 워낙 자리가 좋아서 일부 훼손이 있지만 뛰어난 명당 등급을 부여할 수밖에 없는 곳이다.

지형을 분석해 보면 송현동보다 안국동이 기운이 더 좋은 땅이지만, 지금은 건물들이 새롭게 들어서다 보니 송현동이 더 나아 보였다. 송현동은 원래 있던 건물을 헐어 공원을 만들었다. 공원으로 터를 비우다 보니 주변 산들도 잘 보이고 땅의 기운까지 복원된 느낌이 들었다.

용산도 군사기지가 철수하면서 그 자리를 공원으로 만들었다. 자꾸 새로운 건물로 채우는 것보다 비우는 것이 도시의 명당 등급을 더 높이는 방법이다. 혼자만 아는 명당을 찾기 위해 풍수 놀이를 하는 것이 아니다. 우리 모두가 공유하는 도시와 마을의 환경을 더 낫게 만들자는 의미가 더 크다.

송현녹지광장은 녹지광장이라는 이름 그대로 들풀이나 야생화를 심어서 도심에서 자연을 맛보게 해 주는 공원이다. 잡초 제거 작업을 유연하게 할 것이다.

반면 안국동은 박물관이다 보니 잡초 관리를 꼼꼼하게 한다는 인상을 받았다. 지칭개가 자연스럽게 자라도록 내버려둔다면 송현동 못지않게 크기가 큰 지칭개가 자랄 수 있는 환경이다. 다만 명당의 크기나 바람의 갈무리 수준은 송현동이 더 낫다. 은행나무가 없었다면 햇볕이 비치는 명당을 지금처럼 그나마 넓게 확보할 수 없었을 것으로 보인다. 은행나무가 없었으면 안국동에서는 지칭개 보기가 어려웠을 것이다.

아파트에서 찾은 지칭개

30년 전부터 지금까지 풍수 연구를 한다고 하면 서울에서 어느 아파트가 풍수적으로 좋은가 하는 질문을 꼭 받았다. 그 대답을 하기 위해 몇 군데를 답사해 보기도 했다. 서울 강남에서 주목받는 곳은 역시 성종의 능인 선릉이다. 좋은 산과 좋은 물이 만나서 좋은 명당을 만들다 보니 선릉의 주산과 연결되는 또 다른 산줄기가 만든 터가 눈에 띄었다. 양재천과 만나서 제법 규모 있는 명당이 만들어진 아파트가 있어서 그곳을 좋은 아파트로 대답했다. 그때는 그 동네가 그렇게 유명한 곳이 될 줄 몰랐다.

강남 아파트는 긍정적이든 부정적이든 너무 관심이 뜨거워서 지칭개 찾기에서 제외했다. 대신 영등포구에서 산이 좀 있는 곳에서 땅이 괜찮은 터를 발견했다. 여의도가 과거 군 비행장이어서 그런지 그 인접한 지역에 군사와 관련된 시설이 많다. 군 관련 땅들이 남아 있어서 그런지 지형이 크게 바뀌지 않아서 명당 등급을 판단하기 좋았다. 다만 하천은 복개되어서 식별이 좀 어려웠다.

한강 남쪽 지역의 산은 모두 관악산이나 청계산에서 연결되어 있다. 지칭개 찾기 놀이를 했던 A아파트는 주맥인 관악산에서 나온 산줄기 끝에 위치해 있다. 국사봉을 거쳐 용마산공원으로 이어진 후 샛강을 만나는 곳이다. A아파트가 자리한 위치는 강을 만나 산의 맥이 멈춘 곳으로 명당 벨트에 해당하는 곳이다.

과거에는 달동네가 있었던 곳이지만 사실 국사봉에서 이어지는 산줄기는 기운이 매우 좋은 곳이다. 조선 시대 숙종이 가장 사랑했던 왕자, 연령군의 묘가 이 산줄기에

그림 57. 여의도에서 본 영등포구 A아파트 방향

관악산에서 북쪽으로 뻗은 지맥이 국사봉과 용마산공원, A아파트까지 연결
된다.

기대어 있었다. 대방초등학교가 바로 그 자리다. 1941년
도 일제강점기 때의 지도를 보면 이 일대의 경치가 좋아
'풍치(風致) 지구'로 지정이 될 정도로 기운이 원래 좋은
곳이다.

2005년부터 대규모 재개발이 이루어지고 있어 많은 아
파트가 밀집하고 있는 곳이다. 최근 신축된 아파트는 성
냥갑 모양의 일률적인 형태를 피하고 채광이나 녹지를 확
보하는 등 어메니티를 확보하려는 흔적들이 보인다. A아
파트를 대략 평가해 보면 산과 명당의 기심은 적정 등급
을 줄 수 있다. 하천이 복개되어 강의 기심을 확인할 수
없는 것이 좀 아쉽다. 기심이 깊은 등급인 상급으로 평가
할 수밖에 없다. 땅의 기심이 적정이고 산이나 강 중에 중
급이나 상급이 있으면 명당 등급은 4~6등급에 해당한다.

해발고도 50미터 내외의 낮고 힘 있는 명당을 만들기
에 제격인 능선의 연결이나 주산의 편안한 기운 등을 고
려하면 스포크 산이 스포크 강을 만나 만들어진 명당이
다. 복개된 부분이 아쉽지만 그래도 명당 등급 5등급을
줄 수 있는 땅이다. 창덕궁 급은 못 되어도 서울에서는 평
균 이상의 좋은 등급의 명당 벨트라고 생각한다. 당연히
지칭개가 발견되어야 하는 곳이다.

예상대로 영등포구의 A아파트에서는 지칭개 군락이
발견되었다. 녹지와 연결된 보행로의 양지바른 곳에서 지

그림 58. A아파트 내부

아파트 단지 내 녹지가 우거진 보행로가 있어 쾌적함을 느낄 수 있다.

칭개가 집중적으로 발견되었다. 보행로 옆 나무나 벤치 주위로 바람을 미묘하게 막아 줄 수 있는 곳에 지칭개가 자라고 있었다.

겨울에도 지칭개가 살아 있는지 궁금했다. 2월 초 가장 추운 때를 지난 직후에도 지칭개는 건재하고 있었다. 11월 지칭개보다는 거칠어 보이지만 생존에는 문제가 없는 상태로 보인다. 2024년 2월 말에는 눈이 왔다. 아파트에 눈이 오면 지칭개가 어떤 상태가 될지 궁금했다. 한겨울에 내리는 눈이 아니라 빨리 녹았다. 그런데 지칭개 위에 쌓인 눈은 금방 녹지는 않았다. 하지만 눈이 쌓여 있는 상태에서도 지칭개는 생각보다 건강해 보였다. 일조량도 좋고 바람의 갈무리도 잘되는 곳이라 지칭개가 얼어 죽을 염려는 하지 않았다.

3월 초 지칭개 상태를 재확인해 보니 11월 지칭개의 모습에서 크게 달라진 것은 없었지만, 3월 말에는 개체의 크기도 커지고 겨울을 버틴 개체 옆으로 새로운 지칭개가 자라 있었다. 지칭개가 겨울을 견디는 해넘이 한해살이풀이라고 했지만, 나의 관찰에 의하면 봄이 되면 확실히 개체가 늘어났다. 가을이 아니라 봄에 잎을 내는 지각생 지칭개도 있었다.

4월이 되면 로제트형으로 땅바닥에 붙어 있던 지칭개가 위로 빠르게 꽃대를 올리면서 자신의 존재를 뚜렷하게

그림 59. 11월에 발견한 A아파트의 지칭개

보행로에 설치된 벤치의 다리 기둥 바로 아래에서 발견했다.

드러낸다. 6장에서 본 것처럼 다른 나무에 숨어서 인간의 간섭을 피하는 모습을 A아파트에서도 확인할 수 있었다. A아파트의 지칭개는 일조량이 좋은 보행로 주변에서 자라다 보니 인간의 간섭에 더욱 취약한데 영산홍에 숨어서 키를 높이는 지칭개의 생존 전략이 아주 지혜롭게 보였다. 아파트에서 지칭개를 찾으면서 한 가지 느낀 점은 아파트 동이 모여 있는 중심 공간은 동별 간격도 좁고, 여러 시설들을 복잡하게 배치하다 보니 일조량이 부족하고 바람의 갈무리도 나빴다. 산들바람이 불 수 있는 구조라기보다는 센바람은 더 세게 만들고 약한 바람은 막아 버려서 폐쇄적인 느낌이 들었다. 지칭개가 있는 곳보다 5~6미터 더 낮은 위치에 각 동이 있었는데 그곳에는 지칭개가 전혀 자라지 않았다.

아파트 동이 모여 있는 중심 공간 바깥의 녹지 공간, 공원, 보행로, 산책로를 배치한 곳의 기심이 가장 좋다. 관악산에서 국사봉, 용마산공원으로 이어진 능선이 물을 만나기 위해 고개를 숙이면서 고도가 낮아지는 곳에 A아파트가 있다. 능선을 타고 아늑하게 낮아지는 곳이 명당 벨트가 시작되는 지점이다. 이곳에 A아파트가 있다. 스포크산의 능선을 잘 살려서 녹지를 조성한 A아파트의 어메니티 계획이 매우 뛰어나다고 생각한다. 주변 아파트보다 유독 지칭개가 군락을 이루는 모습은 어메니티가 좋다는

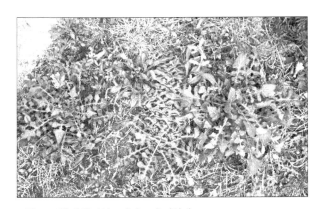

그림 60. 3월에 발견한 A아파트의 지칭개

추위와 눈을 모두 이기고 봄을 맞은 지칭개가 홑겹에서 여러 겹으로 잎을 내놓기 시작했다.

것을 방증한다.

최근 신축 아파트의 어메니티가 좋아진 가장 큰 이유는 자동차의 주차와 이동 공간을 모두 지하로 두고 아파트 단지 내의 바닥은 모두 녹지로 조성했기 때문이다. 하지만 여전히 아파트 동이 둘러싼 중심 공간에서는 온도, 습도, 바람, 일조량에서 아쉬운 부분이 발견되었다. 동심원의 내부에도 넓은 녹지공원을 조성할 수 있다면 내부 공간의 어메니티를 많이 보완할 수 있을 것이다.

A아파트에서도 지칭개가 많이 뽑혀 나갔다. 역시 쑥대밭을 만들 수 있는 위험한 잡초로 오해하는 분들이 많아

서 그럴 것이다. 올해 4~5월에는 작년보다 지칭개가 분명히 많았다. 하지만 제거된 지칭개가 더 많은 탓인지 씨를 날려 보내고 고요히 시들어서 올해는 거의 자취를 감추었다. 신길동을 편견 없이 보면 참 아름다운 산수를 가진 땅이다. 지칭개도 편견 없이 신길동의 명당 벨트에 편안하게 정착했다. 그러나 그 혜택을 받는 사람들은 명당의 전령사를 알아보지 못하고 가차 없이 뿌리를 뽑고 있다. 언젠가 지칭개의 가치를 알아볼 시간이 올 것이다.

온전히 아름다운 땅

나는 옛 문헌에서 좋은 땅을 명당이라고 쓰지 않고 '전미(全美)'라고 표현한 것에 호기심을 가졌다. 좋은 땅 혹은 길한 땅이라고 쓰지 않고 아름다운 땅이라고 표현한 것이 특별하게 느껴졌다. 무언가 더 깊은 의미가 있을 것이라는 생각을 지울 수 없었다. 풍수에서 아름답다는 미적인 개념을 최적의 장소에 적용한 이유를 알고 싶었다.

　나는 그림을 좋아했고, 역사를 좋아했다. 그래서 고고미술사학과를 지망하려 했다. 그런데 고등학교 지리 선생님이 펼친 지리학에 대한 화려한 찬사에 혹해서 지리학도가 되었다. 그래도 나는 선택하지 않은 미술에 대한 미련이 있었다. 그래서 그런지 풍수의 명당을 아름다움으로 표현하는, 전미지지(全美之地, 온전히 아름다운 땅)라는 이 표현에 굉장히 감동했다. 좋은 땅, 길지(吉地)와 아름다운 땅, 미지(美地)는 아무래도 차원이 다르게 느껴지니까.

대학원에 입학해서 소위 명당이라 불리는 곳을 여러 군데 답사하면서 느낀 공통점은 명당에 속하는 땅은 참 경치가 좋고 아름답다는 것이었다. 그냥 일상적으로 스치기만 했던 장소도 풍수를 배우고 다시 보면 거기가 지극히 아름다운 땅이었다. 특히 어린 시절 친구들과 놀던 동네 뒷산의 공동묘지를 다시 찾아가서 본 전망은 넋을 잃을 정도로 아름다웠다. 어릴 때는 그 전망을 본 기억이 없다. 그냥 평범한 장소였을 뿐이었다. 풍수를 알고 나니 그곳이 특별해 보였다. 풍수에서 좋은 땅을 '美'로 표현하는 것이 점점 더 궁금해졌다. 그러던 중 주자를 다시 만났다. 풍수에 온전히 아름다운 땅은 없다는 주장을 한 『인자수지』라는 풍수서 외에 1장에서도 등장했던 주자의 『근사록』에 "묏자리를 고른다는 것은 땅의 아름답고, 미움을 고르는 것(卜其宅兆, 卜其地之美惡也)"이라는 구절에 또 '美'가 나온다.

『근사록』에는 땅이 아름답다는 것은 흙의 색깔이 밝고 윤기가 흐르고 나무와 풀이 잘 자라는 것이고, 이것이 실체가 있어 증명할 수 있다는 설명까지 덧붙이고 있다.

'아름다울 미'는 오감 중에 시각으로 얻는 느낌이다. 명당을 찾는 핵심 열쇠는 이미 수천 년 전에 선각자들이 주었다고 상상하기 시작했다. 그들이 준 힌트는 복잡하게 십간십이지의 방위를 따지고 별자리를 보라는 것이 아니었다. 눈으로 보기에 아름다운 땅을 찾으라는 '명당 코드'였다. 그런데 후손들은 그 힌트를 알아보지 못했다. 오히려 풍수에서 온전히 아름다운 땅은 없다고만 생각하면서 풍수의 난도를 높이기만 했다. 그냥 눈에 보이는 땅이 아름다우면 그만인데 말이다. 명당 코드는 조금 더 풀이가 필요하다. 불쾌지수부터 시작해 보자.

내가 풍수를 하면서 늘 했던 고민이 있다. 우리는 거주에 꼭 필요한 환경을 과학적으로 설계할 수 있는 현대 문명 속에 살고 있다. 굳이 신비주의적인 언어를 써서 오해가 많이 생길 수밖에 없는 풍수를 끌어들일 이유가 없다. 생태학이나 환경학, 건축학 그리고 토목공학 등의 지식으로 인공의 도시 명당을 만들 수 있다. 풍수를 공부하면서 시대착오적인 풍수의 신비주의로 혹세무민(惑世誣民)에 동참하는 거 아닌가 하는 자괴감이 들 때가 많았다.

죄책감을 덜기 위해 나는 누구나 명당을 알 수 있는 간단한 방식을 고안했다. 복잡한 사전 지식 없이 동물이 본능으로 최적의 거주지를 선택하는 것처럼, 인간도 간단하

그림 61. 매봉에서 본 서울 한강

게 최적지를 찾을 수 있다고 생각한다. 풍수가 간단하게 최적지를 선택하게 만드는 기술이 된다면 풍수를 가르치고 배우는 일이 의미 있을 것이라고 생각한다.

사람의 본능을 일깨우는 단순한 감각이 무엇일까? 생각해 봤다. 나는 불쾌지수에서 실마리를 찾았다. 불쾌지수는 온도와 습도를 더해서 만든 지수다. 온도와 습도의 합이 어느 정도면 쾌적하게 또는 불쾌하게 느끼는가를 숫자로 표현했다. 불쾌지수를 알려면 온도계, 습도계, 풍향계 등 계측기가 필요하다. 그런데 사람에게 불쾌지수는 그저 수치로 하는 확인 사실에 불과하다. 삼복더위에 무더워서 이미 느낌이 불쾌한데 뉴스에서 불쾌지수가 100이라고 하면 '그래 맞아 당연하지'라고 생각할 뿐이다. 불쾌지수를 알려 주는 뉴스가 내 불쾌감을 극복하는 데 큰 도움은 되지 않는다. 군이 불쾌지수를 동원해야 하나 싶다. 불쾌지수에 대한 배경지식이나 계측기가 없이도 인간은 쾌적한지 불쾌한지 몸의 느낌을 통해 스스로 알 수 있다.

그냥 내가 기분이 좋으면 그때의 공기가 쾌적한 것이고, 내 몸과 마음이 불쾌하면 그때의 공기 상태는 좋지 않은 것이다. 인간의 불쾌지수 측정은 몇 도라는 숫자로 표현되는 대신 정서적으로 기분이 좋음과 나쁨으로 표현된다.

좋은 땅을 찾으려면 『청오경』, 『금낭경』, 『인자수지』

그림 62. 경북 상주에 위치한 산사
대도시나 한적한 백두대간의 사찰이나 명당의 첫 느낌은 '아름다움'이다.

등의 풍수 경전을 다 섭렵하고, 현장에서 그 내용 그대로를 바탕으로 지형을 해석할 줄 알아야 한다. 평생이 걸리는 학습과 수련이 필요하다. 현대 과학의 힘을 빌리려면 토목공학, 건축학 등 여러 분야의 전문가들을 모셔야 한다. 집을 지으려면 최소한 부동산 전문가와 건축 전문가의 도움을 받아야만 한다. 그런데 인간도 동물처럼 고유한 본능만 가지고 집을 지을 최적지를 고를 수는 없을까? 인간에게 주어진 최적의 간편한 방법은 없는 것일까?

이처럼 '그 땅을 토목, 건축, 생태학적으로 분석해도 내가 어떤 땅을 보고 기분이 좋아야만 결괏값이 좋다'라는 식으로, 서로 다른 학문으로 평가해도 기분에 따라 결과가 달라지지 않을까 하고 상상한다. 내가 어떤 땅을 골랐는데, 그 땅이 내 눈에 아름다운 미지로 보이면 그곳은 나에게 최적의 땅일 것이다. 복잡한 지식의 체계를 동원할 필요 없이 순수한 인간의 느낌으로 아름다움을 느낀다면 그곳은 이미 자연재해 위험이 낮고, 기후적으로 따뜻하며, 어머니 품처럼 심리적으로 편안한 곳이 아닐까?

나는 전미지지를 다르게 보고 싶다. '명당에는 다 결함이 있게 마련이고 그래서 전미지지, 온전히 아름다운 땅은 이 세상에 없다'라는 주장은 틀렸다. 오히려 인간이 땅에 대해 집중하고 몰입한다면 땅의 아름다움을 판별할 수 있다. 전미지지의 사상 속에는 명당을 찾는 심플한 열쇠가 들어 있다고 생각한다.

나에게 아름다운 땅이 나에게 맞는 땅이다. 땅의 아름다움을 느끼고 판별할 수 있는 사람이라면 명당도 판별할 수 있는 사람이다. 아름답다고 느꼈으면 이미 그 땅은 그 사람에게 기심 등급이 가장 좋은 1등급 명당일 것이다. 시애틀에서 명당을 찾아 이미 자신들의 주거지로 활용하고 있던 아메리카 원주민들이나, 알프스산이 만든 론 강 가에 배산임수의 마을을 만든 유럽인들도 명당 코드를 본능적으로 활용한 것이 아닐까? 방법은 달라도 본질은 같다.

『인자수지』는 16세기 중반 중국 명나라에서 간행된 풍수서다. 주자가 죽고 13세기부터 소박한 땅을 살피는 지혜로서의 풍수는 점차 인간의 욕망을 극대화하는 미신으로 타락했다. 자연에 순응하는 삶이 아니라 명당을 잡아 팔자를 고치겠다는 부와 출세를 확보하는 기술로 변질되기 시작했다.

적어도 초기 풍수서는 땅의 길흉을 보는 기술적 측면보다는 윤리적 측면을 더 강조했다. 사람의 도리로 덕을 쌓으면 하늘이 명당을 허락해 준다는 천인감응(天人感應)의 세계관을 반영하고 있었다. 덕을 쌓으면 온전히 아름다운 땅을 하늘이 내려 주니 복잡한 명당 찾기 기술은 필요가 없었다. 그런데 명나라 때부터 명당 찾는 기술이 점점 복잡해지면서 자연의 질서를 통찰적으로 파악하는 지혜는 사라지게 되었다. 그 결과 기술에 빠진 사람들은 갈수록 복잡 미묘한 명당의 조건들을 따지기 시작했다. 그러면 그럴수록 복잡한 명당의 기준에 맞는 땅을 찾기는 불가능해졌다. 그래서 술법에 치우친 풍수사들은 풍수무전미(風水無全美)를 외칠 수밖에 없었을 것이다. 자잘한 기술의 복잡성이 초래한 한계를 필연적으로 인정할 수밖에 없었을 것이라고 본다.

이제 풍수무전미를 풍수에서 완벽한 명당이 없다고 해석하면 안 된다. '모두에게 아름다운 절대적 기준의 명당은 없지만 적어도 나에게는 아름다운 땅이 존재한다'라고 해석해야 한다. 나에게 아름다운 땅만 찾으면 쉽게 나만의 명당도 찾을 수 있다. 나만의 명당을 쉽게 찾을 수 있는 비밀의 코드가 아름다운 땅, 전미지지의 본질이다. 그래서 기술에 집착할 것이 아니라 나만의 땅을 보는 느낌이 중요하다. 자연에 나아가 내게 아름다운 장소를 알아본다면 두말할 필요 없이 그곳이 나만의 명당이고, 길지이고, 미지일 것이다.

결론적으로 진리는 단순하고 간결하다고 믿는다. 인간의 편안한 삶을 허락하는 좋은 땅은 그리 복잡한 풍수 술법을 익히지 않고도 누구나 찾을 수 있어야 한다. 자연과 친해지다 보면 쉽게 나에게 맞는 땅을 찾을 수 있다.

그림 63. 광화문에서 본 북악산과 보현봉

빼어난 산 기운으로 인해 시각적 아름다움으로는 최고 수준에 해당하는 서울의
명당이다.

나만의 아름다운 땅을 찾는 여정 속에 30여 년의 시간
이 흘렀다. 생각보다 아름다운 땅은 가까운 곳에 있었다.
지칭개가 늘 곁에 있었지만 알아보지 못하고 먼 곳만 쳐
다보고 살았다. 먼 길을 돌아 내가 일상을 보내는 산책로,
아파트, 버스정류장에서 지칭개를 만났다. 지기를 손에
만질 수 있게 만들어 보겠다고 꿈꾸던 시절이 있었다. 끝
내 포기할 수 없던 꿈이었는데 지칭개라는 잡초와 만나면
서 다시 가슴이 뛰기 시작했다. 나의 아름다운 땅에는 지
칭개가 있었다. 지칭개가 자라고 꽃을 피우고 씨를 날리
는 곳에 풍수의 지혜가 숨 쉬고 있었다. 그러나 나를 풍수
의 길로 이끌어 주신 선생님께 지칭개 이야기를 해 드릴
수 없어서 서글프다. 너무 늦어 버렸다. 지칭개가 풍수의
정수를 되찾는 실마리가 될 수 있다면 조금이라도 내 마
음의 짐이 가벼워질 수 있을 것이라는 말을 또 반복한다.

감사의 말

이 책이 나오기까지 도와 주신 분들이 많다. 1994년 『자연을 읽는 지혜』를 출간한 후 30년 만에 책을 내다 보니 처음에 너무 막막했다. 박영태 선배님이 아니었다면 출간은 불가능했을 것이다. 꼴통 후배를 늘 미소로 이끌어 주신 박 선배님께 정말 감사하다고 말씀드리고 싶다. 박 선배님을 통해서 커뮤니케이션북스 박영률 대표님을 알게 되었다. 가야산 언저리와 내포를 함께 답사한 기억은 아직도 새롭다. 어렵게 출간을 허락해 주신 박 대표님께도 감사의 말씀을 전하고 싶다. 허인 선배님은 힘든 시간을 보내시면서도 원고를 보시고 직접 교정까지 해 주셨다. 죄송하고도 감사한 마음을 잊을 수 없다. 책을 출간하기까지 어려움이 있을 때마다 뜨겁게 응원해 주신 강왕락 선배님께도 특별한 감사의 마음을 꼭 전하고 싶다.

후배 중에도 감사를 꼭 드려야 할 분들이 많다. 지칭개와 처음 인연을 맺은 곳이 여의도공원이다. 귀한 시간을 내서 같이 지칭개를 찾고 지표식물의 가능성을 응원해 준

강민숙 님께 고마운 마음을 전하고 싶다. 그 시간이 없었다면 이 책도 없었을 것이다. 광양 옥룡사를 함께 답사한 추억을 가진 김대형 님은 올해 홀연히 하늘로 떠나 버렸다. 이 책이 김 후배의 영혼에 작은 위안이 될 수 있었으면 좋겠다. 불편한 사람이었던 나와 묵묵히 먼 길을 걸었던 이영근 님께도 참 미안했다고 고맙다고 마음의 인사를 전하고 싶다. 그의 건강을 빈다. 강화도의 생생한 지칭개 이야기를 들려준 박호근 님은 후배지만 친구 같은 든든한 동료였다. 김진욱 님은 언제나 나를 부끄럽게 만드는 사람이다. 언제 마음의 빚을 다 갚을 수 있을지 모르겠다.

감사의 뜻을 직접 전할 수 없는 분들도 많다. 살면서 많은 이들의 도움을 받았다. 참 부족한 사람이라 본의 아니게 제때 감사 인사를 하지도 못했고, 용서를 빌지도 못했다. 내가 상처 드린 모든 분께 죄송하다고 또 그동안 너무 감사했다고 말씀드리고 싶다. 긴 세월 나를 따뜻하게 품어 주고 많은 인연을 만나게 해 준 내가 일했던 직장에 대해서도 감사의 말씀을 전하면서 영원한 발전을 기원한다.

커뮤니케이션북스 황인혁 본부장님, 김예은 편집자님께도 감사의 마음을 전하고 싶다. 특히 김 편집자님은 풍수와 식물 사이에서 방향을 뚜렷하게 잡지 못한 글을 읽고 지칭개 중심으로 선명하게 틀을 잡아 주셨다.

끝으로 '생활치'인 못난 남편을 잘 돌보아 주는 아내와 사랑하는 아들 세인, 딸 채은에게도 미안한 마음과 고마운 마음을 함께 전하고 싶다. 나는 심각한 불효자다. 몹쓸 자식에게도 늘 행복하게 살라며 용기를 주신 어머니께 언제나 사랑한다는 말씀을 전한다.

허락하신다면 영원한 마음의 스승이신 최창조 선생님께 사랑했다는 말씀을 드리면서 선생님의 영전에 이 글을 바친다.

한동환

참고 문헌

고혜경(2010). 『태초에 할망이 있었다』. 한겨레출판사.

김영헌(2024). "날씨 좋은 봄·가을 대신 제주
사람들이 '한겨울'에 이사 가는 이유는".
한국일보, https://www.hankookilbo.com/News/
Read/A2024020717010003405

김종원(2013). 『한국 식물 생태 보감 1』. 자연과생태.

오재용(2010). "'신구간' 이사풍습 '옛말' 되나". 조선일보,
https://www.chosun.com/site/data/html_dir/2010/01/21
/2010012101865.html

이익(1999). 『성호사설』. 한길사.

이중환(1751). 『택리지』. 이익성 옮김(1992). 한길사.

최창조(1992). 『땅의 논리 인간의 논리』. 민음사.

홍성길(1990). 『기상과 건강』. 교학연구사.

황현(1910). 『매천야록』. 허경진 옮김(2006). 서해문집.

李重煥(甲寅年). 擇里誌. 한국학중앙연구원장서각.

朴齊家(1778). 北學議. 한국학중앙연구원장서각.

山田 慶児(1978). 朱子の自然学. 岩波書店. 김석근 옮김(1991).
『주자의 자연학』. 통나무.

徐善繼, 徐善述(1583). 重訂地理人子須知. 綠蔭堂.

王肅(1986). 孔子家語, 影印文淵閣四庫全書 第695冊.
　　　臺灣商務印書館.

稻垣榮洋(2018). 雜草はなぜそこに生えているのか. 筑摩書房.
　　　김소영 옮김(2021). 『전략가, 잡초』. 더숲.

朱子, 呂祖謙(1986). 近思錄, 影印文淵閣四庫全書 第699冊.
　　　臺灣商務印書館.

朱熹(1984). 山陵議狀, 朱子大全. 李相夏 發行 保景文化社.

蔡元定(1986). 發微論, 影印文淵閣四庫全書 第808冊.
　　　臺灣商務印書館.

洪大容(1939). 湛軒書, 한국학중앙연구원장서각.

Arthur N. Strahler, Alan H. Strashler(1977). *Geography and Man's Environment*. John Wiley & Sons Inc.

Arthur N. Strahler, Alan H. Strashler(1979). *Elements of Physical Geography*. John Wiley & Sons Inc.

Ernest Oppert(1880). *A Forbidden Land : Voyages to the Corea*. Sampson Low, Marston, Searle and Rivington. 신복룡, 장우용 옮김(2000). 『금단의 나라 조선』. 집문당.

Yuval Noah Harari(2015). *Sapiens: A Brief History of Humankind*. Vintage. 조현욱 옮김(2023). 『사피엔스』. 김영사.

지은이에 대해

한동환

풍수를 환경 사상으로 접근하는 사람. 1965년 울산에서 태어났다. 서울대 지리학과를 졸업하고 대학원에서 최창조 교수를 만나 풍수를 배웠다. 조선의 금산(禁山)에 관한 석사 논문을 썼는데, 금산은 영국 런던보다 200년 빠른 조선의 그린벨트였다. 최창조 교수가 설립한 '이인지리사상연구소'에 합류하여 지기를 현대적 언어로 재해석한 『자연을 읽는 지혜』(1994)를 출간했다. 풍수를 생태학, 기후학 등의 학제적인 연구 대상으로 인식하고 융합적으로 접근하여 풍수를 쉽게 해석하는 데 몰입해 왔다. 직업인으로서 학자가 되지 못하고, 두 번씩 박사과정을 중퇴하는 우여곡절을 겪으면서도 풍수 연구를 30년간 손에서 놓지 못했다. 주택은행에 입행한 후 워싱턴대에서 MBA를 졸업하고 국민은행 전략기획부장, 디지털 담당 부행장, KB금융 경영연구소장(부사장)을 지낸 후 퇴직했다. 30여 년간 틈틈이 모아 온 땅과 들풀의 관찰 기록을

통하여 명당의 실체를 친근하게 전하려는 꿈을 다시 좇고
있다.

도시 명당을 찾아내는 잡초 이야기

지은이 한동환
펴낸이 박영률

초판 1쇄 펴낸날 2024년 9월 3일

지식공작소
출판 등록 1992년 10월 19일 제3-441호
02880 서울시 성북구 성북로 5-11
전화(02) 7474 001, 팩스(02) 736 5047
ks@commbooks.com www.commbooks.com

Knowledge Smith
5-11, Seongbuk-ro, Seongbuk-gu, Seoul, 02880, KOREA
phone 82 2 7474 001, fax 82 2 736 5047

ISBN 979-11-288-9927-0 03400

책값은 뒤표지에 표시되어 있습니다.